工业产品设计

手绘与实践自学教程（第2版）

—— 陈玲江 主编　吴萍 编著 ——

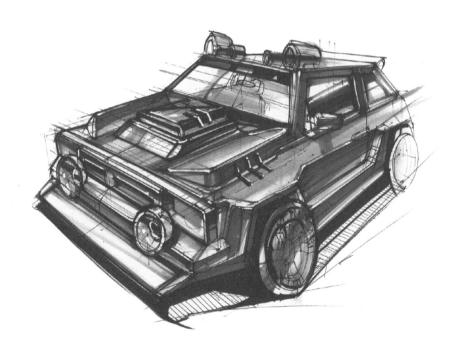

人民邮电出版社

北　京

图书在版编目（CIP）数据

工业产品设计手绘与实践自学教程 / 陈玲江主编；
吴萍编著. -- 2版. -- 北京：人民邮电出版社，2017.7
ISBN 978-7-115-45500-0

Ⅰ. ①工… Ⅱ. ①陈… ②吴… Ⅲ. ①工业产品—产
品设计—绘画技法—教材 Ⅳ. ①TB472

中国版本图书馆CIP数据核字(2017)第114264号

内 容 提 要

本书基于立体几何的基本原理及手绘的要点方法，解决设计手绘学习难、深入难、设计实践应用难及考研难等诸多问题。通过翔实的知识讲解与案例呈现，让学习者能更好地形成自己的观点与方法；打破原有"按图索骥"的模式画法，让学习者可以较好地建立自信心，培养学习的兴趣。书中呈现了很多设计案例，展示了设计创意对设计结果的影响，并为设计师提供了可参考的设计手绘实践案例。

本书适合工业产品设计相关专业的在校学生和工业产品设计师阅读使用，同时，也可以作为相关培训机构的教学用书。

- ◆ 主　　编　陈玲江
　　编　　著　吴　萍
　　责任编辑　张丹阳
　　责任印制　陈　犇
- ◆ 人民邮电出版社出版发行　　北京市丰台区成寿寺路 11 号
　　邮编　100164　　电子邮件　315@ptpress.com.cn
　　网址　https://www.ptpress.com.cn
　　涿州市般润文化传播有限公司印刷
- ◆ 开本：880×1092　1/16
　　印张：14.5　　　　　　　　　2017 年 7 月第 2 版
　　字数：392 千字　　　　　　　2024 年 7 月河北第 14 次印刷

定价：79.00 元

读者服务热线：(010)81055410　　印装质量热线：(010)81055316
反盗版热线：(010)81055315
广告经营许可证：京东市监广登字 20170147 号

这是一本适用于工业产品设计学习和教学的实用型工具书，内容丰富，结构完整，知识讲解详细。书中的每个知识点都有相关练习题及注意事项，遵循由浅入深的教学逻辑关系，让读者能完整地掌握手绘的理论与技巧，并可以根据自己学习的实际需要通过目录检索寻求自己要解决的问题点。

本书除了知识面丰富及提供良好的参考案例外，还具有以下3个方面的特点。

特点一： 融入了作者多年的工业产品设计实践及教学经验。如第6章的工业产品设计考研手绘表现、第7章的企业项目中的手绘表现以及第8章的工业产品改良开发快题设计，这些是本书的特点或者说是"干货"，也是区别其他一些工业设计手绘教材的差异点。

特点二： 本书知识讲解采用"手把手"的教学方式。从工业产品设计手绘构图与透视，到工业产品设计手绘基础练习，以及不同工具运用与效果图表现都采用这种方式教学，将实用技巧与方法融会贯通，让读者放下内心对工业产品设计手绘的恐惧，以最佳的状态开始学习，并能在其中找到手绘的乐趣与兴趣，有了乐趣与兴趣，其他相关的设计就能水到渠成。

特点三： 个性案例的呈现。在本书中呈现了很多淘博设计为企业设计开发的产品，而这个环节主要得益于自己的设计实践及团队管理，书中呈现的设计水平不一定是最好的，方式未必是最佳的，与很多生产销售的商品一样都存在迭代设计更新的过程，因此无论结果如何，它们都是设计师在某个阶段设计的最佳表现。通过这些案例的分享与阐述，我们可以洞悉一些概念设计或商业性设计的小诀窍，有利于学习者后期的实践操作。

相信阅读完本书以后，读者会发现本书最大的特点其实就是实用。与其他优秀的工具书一样，本书呈现的是工业产品设计的整体面貌，及整体面貌下的设计手绘，基于立体几何基础并逐步延伸出来的设计手绘，解决了绘画难的问题；基于设计实践延伸出来的案例，解决了设计难的问题；基于设计手绘版面延伸出来的案例，解决了考研手绘难的问题，作为这本书的编写人，非常希望自己与团队的努力付出能为中国工业设计教育做些微薄的贡献。感谢知名工业设计师李文凯提供的精彩手绘案例图示。

本书也是作者在这个设计阶段的想法与体验，书中撰述的过程可能有一定偏差，工业产品设计研究及手绘可能欠缺一定深度，还希望各位专家同行指正。

如果大家在学习的过程中遇到问题，可以加入"印象手绘"读者交流群（12225816），在这里将为大家提供本书的"高清大图""疑难解答""学习资讯"，分享更多与手绘相关的学习方法和经验。我们衷心地希望能够为广大读者提供力所能及的学习服务，尽可能地帮大家解决一些实际问题，如果大家在学习过程中需要我们的支持，请通过以下方式与我们联系。

官方网站：www.iread360.com

客服邮箱：press@iread360.com

客服电话：028-69182687、028-69182657

陈玲江

目录·工业产品设计手绘与实践自学教程

contents

INDUSTRIAL

01

product design 工业产品设计概述

1.1 关于工业产品设计

1.1.1 工业设计的概念

设计实质上是一种创造，是围绕某种目标而进行的有计划的实施行为。

设计的英文是design，早期的解释是图案、花样、计划和纲要，刚好符合那个时期"设计即点缀"的理念。如今的工业设计概念被重新定义："就批量生产的工业产品而言，凭借训练、技术知识、经验及视觉感受，而赋予材料、结构、构造、形态、色彩、表面加工、装饰新的品质和规格。"工业产品设计是人类为了实现某种特定目的而进行的创造性活动，它包含于一切人造物品的形成过程中。

设计牵涉到的内容非常广泛，如生态、社会伦理、资源保护和法律制度等。设计是在许多因素下交叉进行的活动，它的最终目的是为人类社会提供更加方便、舒适、经济的服务，同时也为企业生产增加利润，促进市场的交流与服务。

1.1.2 工业设计的发展

1750~1914年工业设计处于萌芽、酝酿和探索阶段。在此阶段，完成了由传统的手工艺设计向工业设计的过渡，由手工艺时代转向以机器制造为代表的工业化时代。

1915~1939年工业设计处于成熟、形成和发展阶段。在这期间，设计流派纷纭，杰出人物辈出，从而推动了现代工业设计的形成与发展，为以后工业设计的繁荣奠定了基础。

1940年至今的工业设计处于全面的发展阶段。工业的复兴促成了新的设计活动和理论探讨的高潮。这一时期的工业设计无论在理论上、实际工作中，还是在教育体系上都有极大的发展。随着计算机技术的迅速发展、环保意识的增强，工业设计拉开了崭新的一幕。

工业设计进入我国较晚，但课程改革及教学方法已经在互联网时代下大大递进。工业设计的热情也从原来的无人问津上升到如今在文化创意产业中起到领头兵的重要作用，工业设计的教学课程及设计实践也随着时代的发展日益翻新。如今，国内已拥有近200所设计院校，每年可培养出8000多名毕业生。许多工业设计师已经活跃在世界的各个品牌和角落。比起10年前工业设计在国内的闻所未闻，这堪称一场巨大的变革。

生存设计 > 石器时代 > 陶器青铜器 > 手工艺时代 > 机器工业化 > 电气时代 > 信息化时代

远祖时代　距今约300万年～距今约1万年

从原始社会后期开始，经过奴隶社会、封建社会一直延续到工业革命前

始于19世纪60年代，以电气、电器为代表

最早追溯前20,000年至前19,000年　　18世纪60年代~19世纪中期

20世纪50年代中期至今，以计算机为代表

　　如今国内的许多公司与20世纪70年代的日本公司以及20世纪90年代的韩国公司很相似，它们迫切希望通过优良的设计来获取更高的利润，攫取更大的市场份额。以电子商务为重要手段的互联网时代的产品开发更需要凭借那些外形华丽、设计精良的产品来获得利润，这也给了很多独立设计师展现自己设计能力和商务能力的机会。随着知识产权法律的普及和创新意识的加强，中国的目标毫无疑问是实现从"中国制造"到"中国设计"的转变。

　　随着现代科技的发展、知识社会的到来、创新形态的转变，工业设计也正由以传统造型为主的工业设计向更广泛的用户参与演变。以用户为中心，强调用户参与的创新设计日益受到关注，以用户体验为核心的工业设计的创新2.0模式正在逐步形成。发迹于手工艺人及初期建筑师、建筑家的工业设计师也在逐步转变自己的角色，从事的设计方向从具体的产品设计过渡到以用户体验为主的UI设计及线上线下的整合功能，重新演绎"分久必合，合久必分"的千年古训。工业设计的明天很美好，需要我们大家的共同努力。

设计师所面临的外界环境在急速的变化

造型时代 ＞ 可用性时代 ＞ 商业设计 ＞ 用户体验 ＞ 电子商务 ＞ 物联网时代

思考题

什么是工业产品设计？
工业产品设计在未来会怎样？

1.2 工业产品设计流程

1.2.1 工业设计师的诞生

工业设计师启蒙于手工艺人与机器化大生产时期转变的过程，作为一个重要的行业或者一个重要的工种，工业设计师已经从传统手工艺时代的"前店后工厂"模式，转变为以标准或模块化为基础的机器化大生产时代，它从建筑设计师的身影中剥离出来，逐渐成为新时代一个十分重要的行业和职业。

无论是技术高度发达的现在，还是传统的手工艺人，设计都非常讲究因地制宜后的创新性，无论形势如何改变，作为重中之重的手绘依然保留至今。从最初的岩壁、竹签、浆纸到如今的各类纸质及以手绘板形态出现的各类电子器件，手绘作为最古老的传统方式流传至今，由此可见，拥有良好手绘功底的设计师无论是在过去还是在未来都是非常受重视的，因此手绘作为工业设计专业学生的一门重要课程自包豪斯时期开始至今一直备受重视。

德国包豪斯的三大构成与工业设计手绘的关系

平面构成	平面构成是视觉元素在二次元的平面上，按照美的视觉效果，力学的原理，进行编排和组合，它是以理性和逻辑推理来创造形象、研究形象与形象之间的排列的方法。
色彩构成	色彩构成是从人对色彩的知觉和心理效果出发，用科学分析的方法，把复杂的色彩现象还原为基本要素，利用色彩在空间、量与质上的可变幻性，按照一定的规律去组合各构成之间的相互关系，再创造出新的色彩效果的方法。
立体构成	立体构成是用一定的材料，以视觉为基础，以力学为依据，将造型要素按照一定的构成原则，组合成美好的形体的构成方法。
工业设计手绘	工业设计手绘涉及平面构成的点线面及色彩构成的机理、材质、色彩和立体构成的空间、力学、装配关系，工业设计手绘与包豪斯的三大构成的基础训练密不可分。

　　进入工业化机器大生产阶段以来，涌现了很多工业设计大师，在没有计算机的年代，他们所仰仗的必然是手绘，自工业设计教育鼻祖包豪斯教育体系建立以来，手绘自始至终都被作为设计教育重要的一环来强调，一张纸、一支笔就是学习产品设计及设计产品的所有工具。如今的计算机时代，很多学生开始转向对计算机软件应用的学习而忽视了手绘，导致工业设计作品的机械化和僵硬化，使工业设计作品缺乏应有的艺术性和美，使得产品流于表象，阻碍了设计能力的深入与提升。

　　进入计算机时代，设计的发展非常迅速。企业对设计师的要求已经不仅仅局限于为他们提供产品的外形设计和解决工程技术问题，更需要设计师提供市场研究、顾客研究、设计效果追踪和人体工程学研究等服务。设计师们被要求提供完整的设计解决方案及相应的配套服务，即从使用者的调查研究、工业设计、工程设计、模型制作和原型生产、人体工程学、计算机软件设计，一直到产品的包装设计、促销的平面设计活动等。因为一个完整的好设计、好产品能够挽救企业的命运，这就要求设计师的诸多能力需要强化及提高，尤其是手绘技能，熟练运用手绘技能进行快速、准确的记录，将长年积累的设计感觉付诸现实。

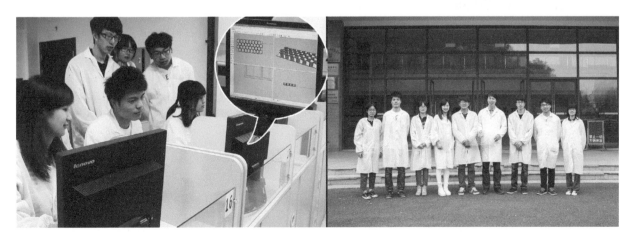

1.2.2 工业产品设计的基本流程与评价

工业产品设计的基本流程

工业产品设计的基本流程为以下几个步骤。

第1步：用户研究、技术调研（技术标准、标准件、尺寸、材料工艺等）、同类产品竞争者调研、市场趋势调研。 **第2步**：设计定位。 **第3步**：设计概念。	**第4步**：设计草案。 **第5步**：设计效果图。 **第6步**：设计评估和筛选。 **第7步**：结构设计。 **第8步**：设计修正。 **第9步**：结构设计。	**第10步**：手板设计。 **第11步**：模具开发。 **第12步**：包装设计、广告设计…… **第13步**：小批量试生产、试销售。 **第14步**：广告设计、大批量上市……

设计基本流程

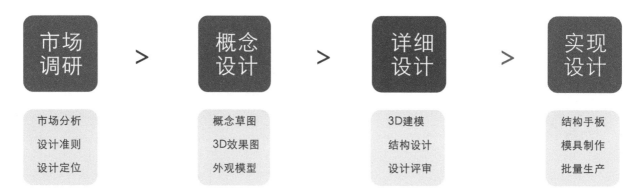

市场调研	概念设计	详细设计	实现设计
市场分析 设计准则 设计定位	概念草图 3D效果图 外观模型	3D建模 结构设计 设计评审	结构手板 模具制作 批量生产

工业产品设计的评价标准

工业设计的创造性是一件好的产品设计最重要的前提，简洁是好设计的重要标志，适用性是衡量产品设计是否优秀的另一条重要标准，除此之外一个好的产品设计还应该考虑人机关系合理，人机界面和谐，产品自身语言应善于自我注释，精心处理每一个细节，注重地域民族特色，蕴含文化特征，注意生态平衡，利于保护环境，以及产品设计的永恒性。

工业设计要注意遵循以下原则：创造性原则、市场需求原则、使用者优先原则、企业目标原则、易于掌握原则、美观性原则和保护生态环境原则。

近代工业设计的基础是由德国包豪斯奠定的，如今工业设计的最高奖项红点奖、IF奖也是由德国工业设计发起的具有全球影响力的设计大奖，除此之外比较有影响力的是美国的IDEA设计奖、日本的GOODDESIGN奖、包装行业的世界之星奖及近些年逐步在国内具有较好影响力的红星奖，这些奖项的评选都是基于上述的工业设计准则。对于获奖的企业来说，一方面说明其产品形象具有国际级水准，另一方面也说明了主导设计开发的团队在行业的整体水平。

近些年，工业设计得到了蓬勃发展，成为各个企业升级最主要的手段之一。当下发布在工业设计在线网站上的各类竞赛如雨后春笋般冒出来，很多优质的设计概念成为后续引导行业发展的风向标。其中影响力比较大的有"博朗""芙蓉杯""杭州市长杯""太湖杯""顺德杯"等国际工业设计大赛，这些都是设计师和同学们积极参与及相互学习的一个很好的平台。

从打造产品形象来说，产品的形象是指：在人们心目中印象的总和；在消费者心目中有着特殊的地位；能从功能和情感上获得利益。

一个好的工业产品设计应该围绕着人对产品的需求展开，更大限度地适合消费者个体与社会的需求，从而获得普遍的认同感。好的产品设计能够起到提升、塑造和传播企业形象的作用，使企业在经营信誉、品牌意识、经营谋略、销售服务、员工素质、企业文化等诸多方面显示企业的个性，强化企业的整体素质，造就品牌效应，赢利于激烈的市场竞争中。

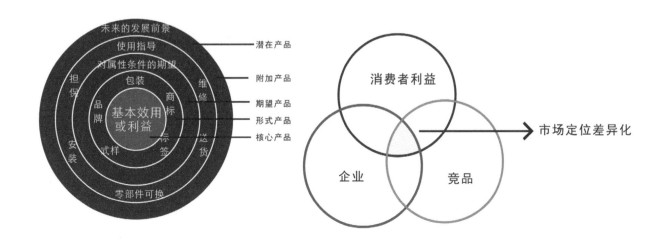

挖掘用户需求是工业产品行业销售活动中非常重要的工作。在实践中IMSC总结归纳了6W3H，即开普通门法。

6W3H是英文 WHO（谁）、WHEN（何时）、WHERE（在哪里）、WHAT（什么）、WHY（为什么）、WHICH（哪个）、HOW（如何）、HOW MUCH（多少）及HOW LONG（多久）的缩写，是问问题必备的技巧之一。

"6W3H人体树提问模型"是一种直接询问的方法，通过询问方式，获取更多的资料。不管您销售的产品是单纯还是复杂的，调查工作都是不可避免的。

人们购买商品是因为有需求，因此就销售人员而言，如何掌握住这种需求，使需求明确化是最重要的，但也是最困难的一件事，因为客户本身往往也无法知晓，自己的需要到底是什么?

发掘客户潜在需要最有效的方式就是询问，询问最重要的手段就是"6W3H人体树提问模型"。您可在潜在客户中，借助提出的有效问题，刺激客户的心理状态，从而了解到用户的潜在需求。

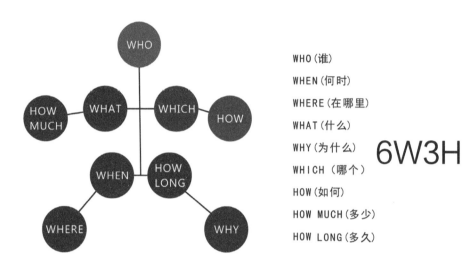

WHO（谁）

WHEN（何时）

WHERE（在哪里）

WHAT（什么）

WHY（为什么）　　6W3H

WHICH（哪个）

HOW（如何）

HOW MUCH（多少）

HOW LONG（多久）

通过产品形象的各要点的比对与市场调研，能更加清晰产品开发的关键点，这些关键点往往是电子商务平台，如淘宝、京东等平台顾客购买商品后对商品的评价。这些评价是零散的，通过一定程度的归纳总结，其实就成为线上颇具实效的市场调研。

在互联网时代，产品形象开始占据主导地位，因为我们在互联网购物的时候，了解到的除了性价比之外的就是产品形象。从某种程度上来说，产品形象开始变得与企业形象一样重要，甚至在某些地方有过之而无不及，因为最终进入消费者手里产生使用体验的是产品本身。

产品形象包括几方面的内容：

视觉形象　　包括产品造型、产品风格、产品PI系统、产品包装、产品广告等。

品质形象　　包括产品规划、产品设计、产品生产、产品管理、产品销售、产品使用、产品服务等。

社会形象　　包括产品社会认知、产品社会评价、产品社会效益、产品社会地位等内容。

1.2.3 工业产品设计手绘的要点与核心

工业产品设计的核心是设计创新，设计创新是优选的过程，也是沟通交流的过程。工业产品设计手绘在这个过程中可以记录大量的行业信息、消费诉求、工艺条件、成本控制等各类信息，通过梳理脉络，将信息归类提取，获得差异化设计的切入点，各种各样的想法在设计的过程中散播传递。发散、抽象、具象、推理、直觉等各类设计思维是设计表达过程中最具原创性的，或者说是原汁原味的设计思维，各个设计师设计思维的相互碰撞更会获得意想不到的设计结果。

工业产品设计手绘在某种程度上是基于机械制图的，相比美术绘画，工业产品设计手绘更多的是表达空间、尺寸及各类材质，而这些相对比较精确的设计手绘必须通过一系列科学、系统的课程学习和大量的设计实训才有可能被掌握。具备设计理念的设计手绘才是工业设计手绘中最被称道的或者是核心的部分。

学习产品设计表现技法必须要了解现代产品的设计特点。现代产品设计经历了工艺美术运动、包豪斯的"形式追随功能"以及后期对国际主义风格的批判等现代设计的洗礼，使艺术与技术的结合在生产大繁荣下得到了更为紧密的发展。无论设计得好坏，美学贯穿始终，审美指导形态，设计表达的自由性与严谨性统一表现在效果图中。

　　人们常说"文如其人"，其实也是"画如其人"。设计手绘不仅是学习设计过程中最基础的知识，同时也是最重要的课程和素质，也是将来同学们走向社会进入设计岗位一张直观的名片。因此手绘表达的好坏，优选方案的细化及拓展的能力，以及将设计师的情感或设计创意融入形态、结构、材质和工艺的熟练度，将是影响同学们设计之路能走多远的关键因素。

　　在同学们后续的毕业设计阶段、设计类工作面试的时候、考研复试面试过程、工作案例整案呈现的时候，手绘都扮演着极其重要的角色。希望同学们能通过各种方法手段来不断完善手绘技巧与提高设计创新能力。

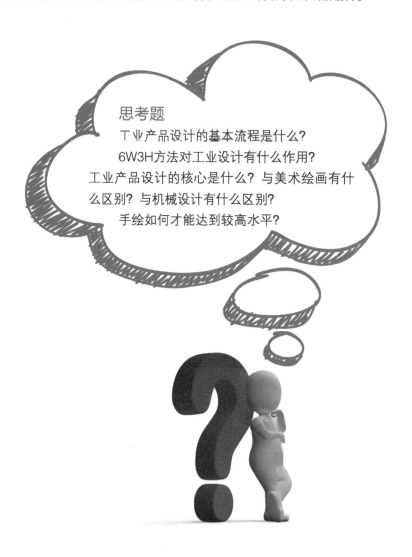

思考题

工业产品设计的基本流程是什么？

6W3H方法对工业设计有什么作用？

工业产品设计的核心是什么？与美术绘画有什么区别？与机械设计有什么区别？

手绘如何才能达到较高水平？

相关学习参考资料或网站：

国内：设计在线、billwang、中国设计网、广东设计城、台湾波酷网。

国外：Dexigner BlouinArtinfo、国际工业设计协会、日本创意信息网、设计艺术新闻。

国内奖项：红星奖、台湾光宝创新奖、中国设计奖、省长杯、中国工业设计优秀奖、醒狮杯。

国外奖项：红点、IF IDEA、日本G-Mark设计奖、澳大利亚国际设计奖、韩国好设计奖。

国内门户网站：billwang、设觉中国、视觉同盟、冰淇淋、中国设计网、开思网、设计癖、设计之窗、顶尖设计。

国外门户网站：yankodesign、designboom、core77、Architonic、Engineering、IndustrialDesignserved。

02

INDUSTRIAL

product design 绘图工具与画前准备

2.1 工具和材料的重要性

工业产品设计手绘相对于平面设计或美术速写而言，更加注重产品表现的准确性。因此，手绘表现的工具除了各种绘图笔之外，还要借助部分精确绘图用具，以保证绘制的准确性和美观。

出自《论语》的"工欲善其事必先利其器"就是讲工匠想要使他的工作做好，一定要先让工具锋利。比喻要做好一件事，准备好工具非常重要。另外还有句俗语说"磨刀不误砍柴工"也是同样的道理。

创意秀出来

创意手绘最终版面的呈现与比较
适合手绘与创意的展示与交流

设计交流

手绘工具、手绘材料的交流对比
手绘技巧的交流对比

在绘图前必须对工具非常了解。最基本的要求是看到效果图以后，要知道它是用哪些绘图工具来实现的。对工具使用的初级要求是要相对熟练地应用绘制工具绘制效果图；高级要求是要能熟练运用工具实现自己天马行空的创造性与想象力。

设计表现图的绘制技法繁多，依据工具及画法的不同可呈现不同的表现效果。产品设计快速表现中，需要各类丰富的色彩、材质、肌理来表达产品的特质、材质、光影。正如工业设计定义的那样，通过产品外在的、内在的特质赋予产品新的创新品质。

其实手绘工具及相关材料与后期学习的平面软件（Photoshop、CorelDRAW、Illustrator等）或三维软件（3Dmax、Rhino3D、SolidWorks、Unigraphics NX等）一样。一个物体在画面上的形成，除了点、线、面这些基本元素之外，还需要在其基础上增加色彩、材质、背景及相应的排版位置等设计元素。本章在讲利用手绘工具的时候，会稍微穿插一些与之相对应的设计软件进行对比，试图最大限度地做好手绘与设计理念、流程中的无缝衔接。

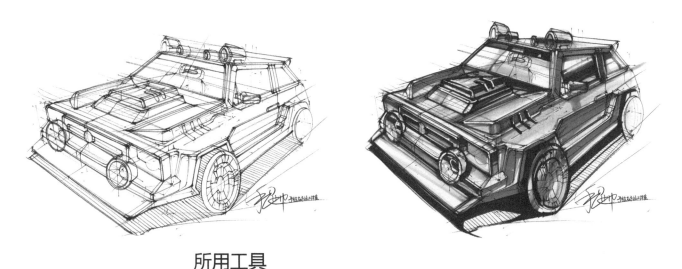

所用工具

铅笔、水笔或针管笔、马克笔、色粉（常见的工业设计手绘工具）

通过这些知识的学习无非是想告诉初学者，手绘效果图应该由简入繁，但也可以化繁为简，这种方法理念同样适用于计算机图形软件的转换，在深入了解手绘的同时对设计软件能有一个整体概念，从而打好前期扎实的基础。所以熟悉绘图工具及相关准备是设计师入门基础部分的一个至关重要的环节。

2.2 工具和材料的使用方法

绘图的基本工具是笔、纸、尺等，其他工具则包括调色盘及辅助用的刻刀、橡皮、透明胶、美工刀、剪刀、夹子等。除了这些工具外，还必须有个平整的画板或书桌。

2.2.1 笔类工具

铅笔

铅笔在绘画中使用得非常广泛，铅笔的种类也很多，不同类型的铅笔在实际绘画中的使用也各不相同。铅笔上面的H是Hardness的缩写，意思是"硬"，B是Black的缩写，意思是"黑"，如2B、5B。数字越大，说明写出的字越黑越软，HB的意思是"硬"和"黑"各占一半，属中性笔。HB铅笔是铅笔的一种。使用简单的自动铅笔，可以起底稿或直接用于手绘效果图的表现，自动铅笔的规格也很多，常见的有0.3mm、0.5mm以及0.7mm的自动铅笔，同学们可以根据实际工作需要挑选适合的铅笔。

H B
Hardness Black

B→8B
数字越大，说明写出的字越黑越软

H→9H
数字越大，说明笔芯越硬

按照笔芯的硬度来定的,从软到硬分别为
8B,6B,5B,4B,3B,2B,B,HB,H,2H,3H,4H,5H,6H,8H,9H

铅笔是最容易上手且十分通用的绘图工具，主要原因是铅笔可以非常精确地表现画面且容易修改擦抹，还能很好地刻画细节，有利于严谨的手绘表现，也适合设计师在探讨冥想设计造型的过程中反复提炼以求获得最佳的造型结构。

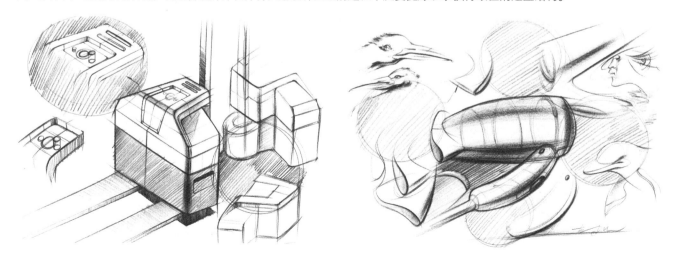

　　铅笔的种类很多，笔芯有硬有软，因此画出的素描稿有深有浅，以HB为例，向软性与深色变化的是B~6B，甚至还有7B、8B，这种铅笔一般称为绘画铅笔，适合大幅图像的艺术绘制，一般在工业设计手绘中不太多见。向硬性发展的有H~6H，大多数用于精密的工业机械化制图、产品表现等领域，所以增加对铅笔的专业认识更加有助于在手绘过程中表达出层次丰富的明暗调子。很多成熟的工业设计师做草案或设计方案的时候所用到的铅笔种类非常多，但也很有可能一支铅笔用到头。因为方便和实用，所以最简单的也是最基本的方式就是铅笔手绘了。

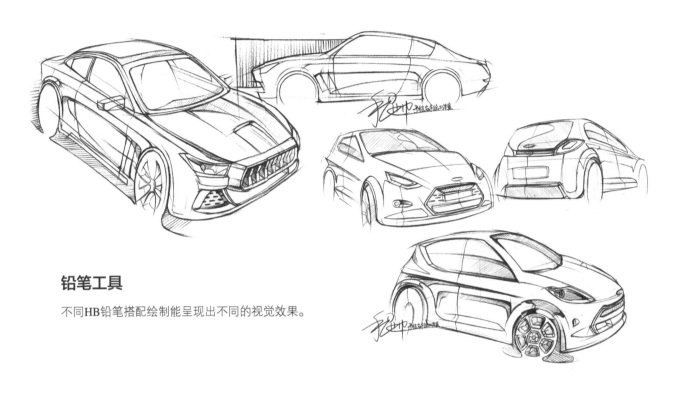

铅笔工具

不同HB铅笔搭配绘制能呈现出不同的视觉效果。

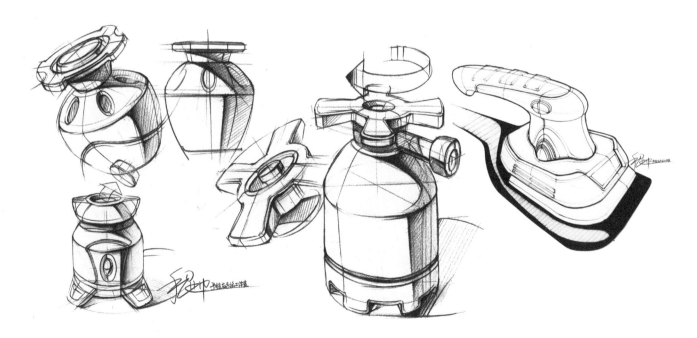

彩铅

彩铅有蜡质和水溶性两种，各自特点不同，蜡质彩铅色彩丰富，表现效果特别；水溶性彩铅近似水彩，艺术表现力丰富，在购买的时候尽量选择质量好的。一般儿童绘画用的蜡质彩铅因为硬度高着色能力相对较弱，并不适合工业产品绘制，同学们可以选择水溶性的彩铅，这种彩铅更适合工业产品手绘表现。

蜡质彩铅

大多数是蜡基质的，色彩丰富，表现效果特别

水溶彩铅

多为碳基质的具有水溶性，但是水溶性的彩铅很难形成平润的色层，容易形成色斑，类似水彩画，比较适合画建筑物和速写

彩铅是很多设计师喜欢选择的手绘工具，比较容易上手。彩铅色彩丰富，过渡自然，能很好地表达工业产品的细节。彩铅既可以作为基色色调的轮廓图绘制，也可以作为点缀色彩使用，当然也可以大面积彩绘，彩铅在手绘表现中占有非常重要的地位。

高光笔

高光笔是在美术创作中提高画面局部亮度的好工具。美术类高光笔覆盖力强，在描绘水纹时尤为必要，适当地给以高光会使水纹生动、逼真，除此之外，高光笔还适用于表现玻璃、塑料、金属、木材、陶瓷等材质。高光笔的构造原理类似于普通修正液，笔尖为一个内置弹性的塑料或者金属细针。一般有0.7mm、1.0 mm、2.0 mm 3种规格，有金、银、白3种颜色。使用时轻微用力向下按即可顺畅出水。

马克笔

马克笔是经常用到的手绘工具和上色工具，马克笔分为水性、油性和酒精性3种。油性马克笔容易干、耐水、耐光性相当好、颜色多次叠加不会伤纸、柔和，但缺点是有些刺激性味道，比较难闻。切忌马克笔的笔帽互相套用，引起用笔错误；切忌将笔帽丢弃及没有盖紧笔帽，使马克笔里的油挥发，从而影响马克笔的使用寿命。

马克笔的笔头有扁平和尖头两种。扁平的笔头适合大面积铺色，在绘制效果图前，应选择适合的色彩与马克笔先进行试图排笔，检查排的色彩是不是自己所需要的；而尖头部分则用于修缮扁平笔头铺色后留下的不规整边缘，让铺色的面更加整洁干净。为了达到更好的画面效果经常将马克笔与针管笔或水笔一起搭配使用，完善修整效果图的轮廓线。

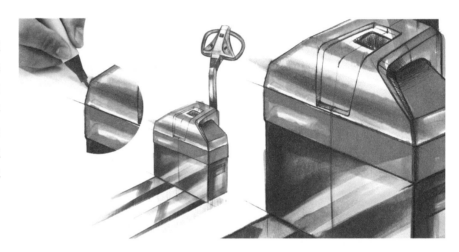

马克笔是设计师最爱的上色工具，可以与针管笔、水笔、彩铅、圆珠笔、铅笔等结合使用，马克笔综合使用程度非常高，携带方便，平时要多加练习，逐步掌握马克笔的综合使用能力。

钢笔

钢笔的品牌种类繁多，同学们可以根据需要进行选择。钢笔是设计师画线的理想工具之一，钢笔画出来的线条有韧性、细腻流畅。同学们可以根据画面的大小和自己的喜好运用各种型号的钢笔笔尖，对产品模型进行材质、肌理、质地及产品明暗的描述。因为笔尖的大小、粗细不同可以呈现不同的刚、柔、粗、细效果，还可以按照产品的空间结构来排线，以此更好地表达空间感、层次感、质感及整体画面的节奏感、韵律感。

钢笔工具的缺点在于需要用户精于保管，要经常擦拭使用以防止笔尖堵塞，需要经常灌墨，使用不当容易脏手，随身携带的时候容易晃动及磕碰。

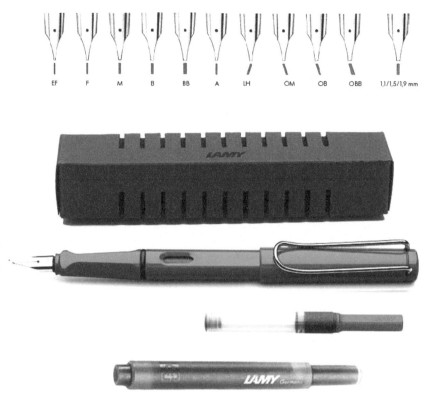

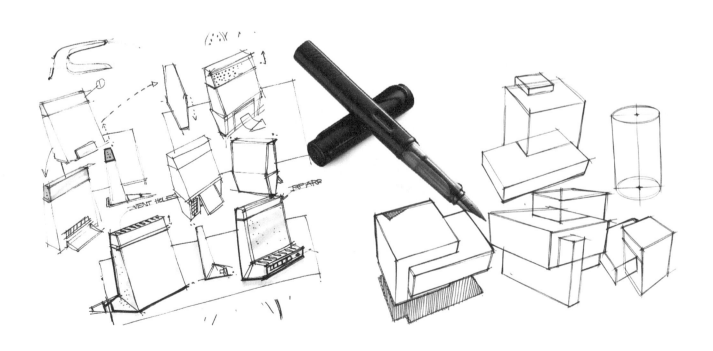

针管笔

针管笔是绘制图纸的基本工具之一，能绘制出均匀一致的线条。笔身是钢笔状，笔头为长约2cm中空钢制圆环，里面藏着一条活动的细钢针，上下摆动针管笔，能及时清除堵塞笔头的纸纤维。买的时候每支笔都要检查一下，先上下摆动针管笔，观察笔头细钢针活动是否灵活，长度应稍长于笔头，便于以后使用；然后打开笔套，观察吸囊的完整性及灵活性是否正常。针管笔以前主要用于建筑制图，现在在手绘中也很常用，绘图时的笔触大小基本一致，看上去比较精致，缺点是笔尖容易磨损，掉落到地上时容易损坏。

针管笔的牌子非常多，可以根据自己的需要选择。针管笔的使用方式是笔要垂直于纸面，且经常与尺子等工具结合使用。在表达线条的精度感时，针管笔就派上了很大的用场，因为针管笔的粗细型号远比水笔或圆珠笔的粗细型号多得多。

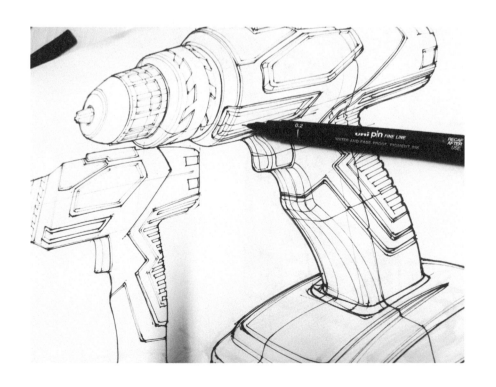

针管笔

主要绘画工具之一，能绘制整齐流畅均匀的线条。

基本型号

0.05、0.1、0.2、0.3、0.4、0.5、0.6、0.7、0.8
粗型号适合绘制轮廓
细型号适合绘制细节

水笔和圆珠笔

水笔和圆珠笔是性价比非常高且很容易掌握的手绘工具，型号有0.28mm、0.35mm、0.38mm、0.5mm、0.7mm、1.0mm，是最大众化的书画工具之一。在产品手绘中可以准备几支不同型号的笔，但要注意的是笔出墨后在顿笔时容易弄脏画面，最好在绘图时准备面巾纸进行擦拭。另外笔墨干燥需要点时间，切勿第一时间去触摸它，最好等其干透。

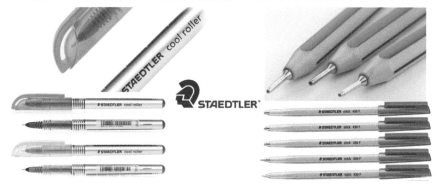

水笔和圆珠笔的价格与质量都参差不齐，推荐同学们使用德国的STAEDTLER水笔和圆珠笔，这也是很多设计师喜欢的德国品牌。水笔的手感与钢笔类似，优点在于线条均匀，手感细腻，容易携带保管且价格便宜，不易损坏；缺点是线条缺乏粗细的变化，因此水笔非常适合各类效果图的精细绘制。从很大程度来说，水笔是对传统钢笔的巨大替代与跨越。与水笔相比，圆珠笔写字或绘图的流畅性不如水笔，相对凝固迟疑；优点在于圆珠笔有轻重感，可深可浅，深似水笔，浅似铅笔，是很多设计师比较喜欢用的工具。

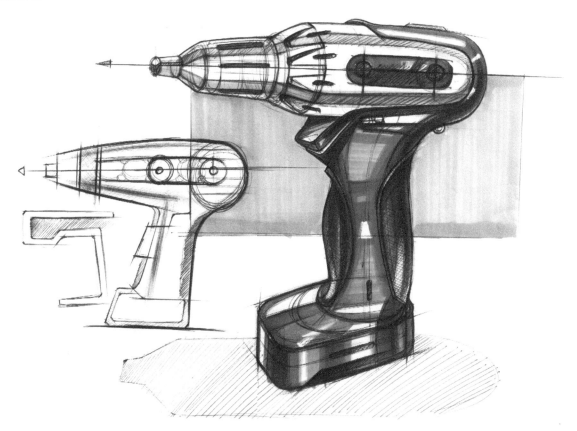

色粉笔

色粉笔是一种用颜料粉末制成的干粉笔，分软质和硬质两种。色粉笔质地比较柔软，颜色丰富，可以叠加使用，适合大面积的过渡色彩，画面丰富细腻，色彩柔和，过渡自然。色粉在使用时可以适量混入婴儿爽身粉，调和均匀，用面巾纸蘸上适量调好的粉末，在勾勒的区域内进行涂抹，画完后喷上固定液，防止把粉末蹭掉。色粉更适合大面积的上色，局部表现一般，色粉整体感觉偏软，所以在手绘时可以配合铅笔或马克笔作画；因此色粉似乎更适合艺术表达上的工业产品手绘。其实在真正的工业设计中，更多是采用方便的马克笔为主要表达手段，而色粉可以配合一起完成。

色粉笔因为是干粉笔，无论是软质还是硬质的，都比较松脆，容易从中间断裂。除了轻拿轻放外，最好能将要用或用完的色粉笔放在有缓冲垫的盖子上。色粉笔在绘图时容易脏手，要注意手指的干净，需要经常擦拭手指，如果使用多色的色粉笔，那么面巾纸最好也能多准备几块备用。

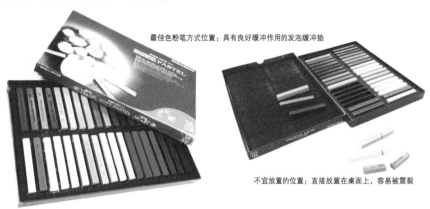

最佳色粉笔方式位置：具有良好缓冲作用的发泡缓冲垫

不宜放置的位置：直接放置在桌面上，容易被震裂

水粉

　　水粉也是工业产品设计效果图绘制中一种非常重要的绘制工具，水粉是水粉颜料的简称，在我国有多种称呼，如广告色、宣传色等。水粉属于水彩的一种，即不透明水彩颜料。由于水粉比较廉价，易学易用，常被作为初学者学习色彩画的入门画材。

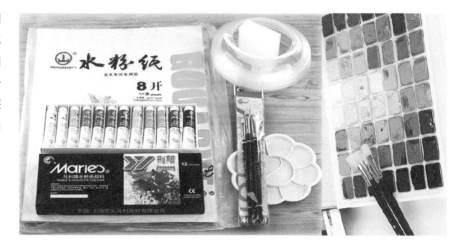

　　以水粉为主的工业设计手绘主要分为"用水""调色""用笔""造型与调整"，技法可操作性强。

　　用水：画水粉画的关键之一是用水，适当地用水可以有效地塑造形体，表现色彩。水粉画是用水调和粉质颜料作画的画种，该颜料里含有胶质，加水稀释后会产生不同的效果，水和颜料比例要协调，颜料多水多，颜料少水少。表现较轻、薄、透的物体时水要略多。水多颜料少易灰脏，画时新鲜，水干后泛色、颜色变浅、变灰、无质感；水少颜料多易干、枯、涩，表现不出质感、光泽，不利于色彩衔接。亮部色稍薄，运笔快，利用白纸底色，一次成功用色，色彩漂亮而干净，灰暗部水要少，颜色要多，效果才显厚重。

调色：调色是水粉画色彩表现能否丰富的关键。调色不当画面会出现生、灰、脏、乱、火、菜（色彩假）等现象。一般来说，在掌握用水的技巧后，作画时把任何一个物体的色彩分析出色彩层次，逐层逐步表达出来。主要物体和物体亮部宜画厚，次要物体及背景宜画薄。要使画面和物体色彩丰富。调色的技巧是将颜料在调色盘上摆开，在该物体固有色周围逐一添加其他颜色，形成既有联系又有区别的某一色彩系列，表现出丰富的色彩体系。

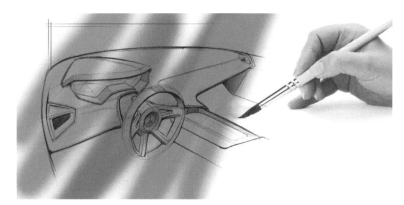

具体做法

第1步：以画面主要色调及主要色为主，选定固有色，如红、黄、绿等任一颜色做首选色。

第2步：画任何一个物体，选定固有色后，将该色颜料在调色盘上摆开，在其周围逐一相加，调出系列色相。

第3步：用笔颜色的厚薄要区别对待，一般要以遮盖白纸为宜，亮部、半明部宜略薄，利用白纸底衬亮色块，使色彩明快；明暗交界线、暗部宜画厚重；亮部、半明部色相不准要待干后用较干色，也可厚画。

第4步：色彩成系列中，颜色相加，种类不宜多（易脏），忌量相同（易灰）和反复搅拌（色不新鲜），白与黑相加应一点一点加入适可即止，不要一下子加入较多（易脏）。

第5步：如果调出的色相不明确或与邻近笔触差距太大，属脏色，应洗净笔头，重新调，一幅好画以没有脏色为宜。任何颜色都有自己深浅不同的色相，脏色使画面易灰、闷、无质感。

用笔：以水粉为主要画材的工业设计效果图的绘制，主要是底色上色及小的局部上色。在用笔方面，给产品上底色时要根据画面面积大小选择适合的宽笔，进行大面积色彩铺色；在产品局部上色时主要根据水粉的特点，由浅入深，进行叠加。水彩画的特点是颜色透明，通过深色和浅色的叠加来表现对象。水粉画的表现特点就是它处在不透明和半透明之间。如果在有颜色的底材上进行颜色的覆盖或叠加，那么这个过程，实际上是一个加法，底层的色彩多少都会对表层的颜色产生影响，这也是它较难掌握的地方。

造型与调整：在水粉工业设计效果图绘制的过程中，底稿的产品造型与透视很重要，这是效果图绘制的基础。一般先用铅笔打底，然后用橡皮擦拭掉，留下痕迹即可。水粉主要以加法叠加为基础画法，因此轮廓边上的上色就需要相对谨慎，还有产品的明暗处理与造型的关系都需要设定好，这样在绘制上基本就有迹可循了，绘制效果图中最重要的修饰明暗与色彩的调整。

作画中要机动、灵活地运用用水法、调色法、用笔法、造型法，最后用调整法。无论用哪一种上色方法及步骤都必须从整体着色、着大体色、逐步逐层整体推进深入，切忌一下子把某个物体画完。待整体完成所有物体亮部、灰部、暗部之后，用调整法调整画面。加深最暗的、点亮最亮的、减弱最跳的、提高较灰的，达到整体协调的画面效果。调整时要注意首先调整主要物体的色彩分层及变化，调整物体造型、形体结构，外轮廓等；然后调整画面明暗对比，色彩冷暖对比；最后画出最亮部分的高光及衔接。

喷笔

喷笔是一种精密仪器，能制造出十分细致的线条和柔软渐变的效果。喷笔最初的作用是帮助摄影师和画家修改画面的，但是很快喷笔的潜在机能被人们所发掘，得到了广泛的应用和发展。喷笔的艺术表现力惟妙惟肖，物象的刻画尽善尽美，独具一格，明暗层次细腻自然，色彩柔和。

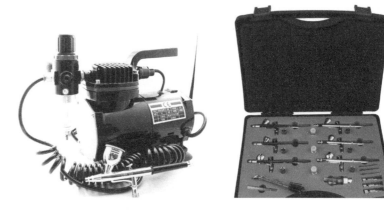

随着科学技术的飞速发展，喷笔使用的颜料日趋多样化、专业化。喷笔应用的范围越来越广。已涉足与美化人们生活相关的领域，作品可见美术厅、广告招贴、商业插图、封面设计、广告摄影、挂历、画、建筑画、综合性绘画、化妆、暂时性文身等。喷笔技法在高等艺术院校作为一门必修课，成为艺术造型中强有力的表现技法。

喷枪

喷枪需要一定的压力才可以使用，一般说来，凡是颜料溶剂调和后，颗粒比较小，均可作为喷画用的颜料。喷枪颜料有水彩类、树脂类、油彩类这3种类型。

在喷绘时，要注意以下5点。

第1点：先大后小，先浅后深，细节部分留给马克笔、色粉或水粉绘制。

第2点：色彩力求单一、统一，因为换颜色需要清洗喷枪。

第3点：多表达大面的色彩对比与调和，多强调主题内容的明暗对比，削弱主体产品周围的产品及配景的对比反差。

第4点：光线转折处的高光和光源最好最后处理，高光不要全是白色，应考虑产品固有色相和在空间里的远近及与光源的距离相适应。

第5点：喷涂的时候色彩颜料需要搅匀，画面的轮廓线要求准确清晰。

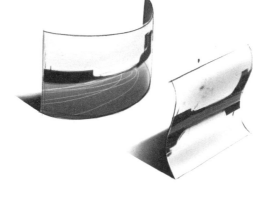

2.2.2 尺类工具

一般来说，一般性的手绘比较少用到尺规类工具，基本以设计师的徒手绘画为主，但一些精细的效果图绘制基本离不开尺规类工具的辅助，尤其是一些偏大画面的手绘效果图绘制，更离不开流畅的长直线、长曲线，尺规的辅助可以让线条更精准，边缘线、轮廓线的描绘更加深刻立体。

尺子类的工具从大到小有长尺、丁字尺、直尺、蛇形尺、三棱比例尺、三角板、曲线板和圆形模板尺。

长尺

长尺主要是指超过或接近1m的直尺，材料一般以超精密金属钢为主，适合A1、A2类纸张等大宽幅的效果图绘制。

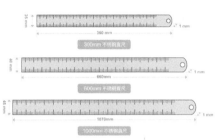

规格表		
货号	品名（中文）	品名（英文）
239211	300mm 不锈钢直尺	300mm Ruler-stainless Steel
	产品尺寸（mm）	净重（g）
	35(H) X 350(L) X 1(W)	60
货号	品名（中文）	品名（英文）
239215	600mm 不锈钢直尺	600mm Ruler-stainless Steel
	产品尺寸（mm）	净重（g）
	40(H) X 660(L) X 1(W)	125
货号	品名（中文）	品名（英文）
239219	1000mm 不锈钢直尺	1000mm Ruler-stainless Steel
	产品尺寸（mm）	净重（g）
	45(H) X 1070(L) X 1(W)	290

丁字尺

丁字尺主要是设计类或理工科类的机械制图类课程使用，长度刚好与画板吻合。使用方式如右图。

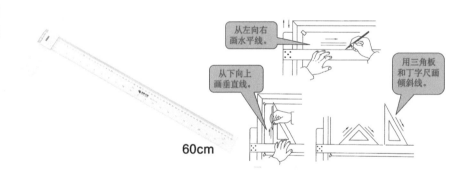

直尺

直尺的一般尺寸有30cm、40cm、50cm、60cm这几类，材料主要为塑料及铝合金，这类直尺使用最方便，也最频繁，精准轻巧。

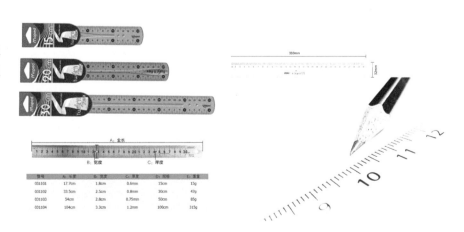

蛇形尺

蛇形尺作为绘图工具之一，是一种可塑性很强的材料（一般为软橡胶），中间加进柔性金属芯条制成的软体尺，双面尺身，有点像加厚的皮尺、软尺，可自由摆成各种弧线形状，并能固定住。蛇形尺因柔软如蛇而得名，弯曲度相当高，一般用于绘制非圆自由曲线。当画曲线时，先在画面上定出足够数量的点，将蛇尺扭曲，令它串联不同位置的点，紧按后便可用笔沿蛇形尺圆滑地画出曲线。

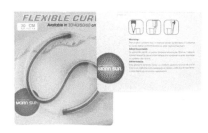

Warning:
This product contains lead, a chemical known by the state of California to cause cancer and birth defects or other reproductive harm.
Advertissement:
Ce produit du plomb, un produit chimique reconnu par l'Etat de Californie comme causant le cancer et des defauts à la naissance ou autre dommage au système reproductif
Advertencia:
Este producto contiene plomo, un producto químico reconocido por el Estado de California como causando el cáncer y defectos de nacimiento o otros daños en el sistema reproductivo.

三棱比例尺

三棱比例尺的比例有1：100、1:200、1:250、1:300、1:400、1:500，主要用于绘制标准的建筑图纸，在工业设计手绘中偶尔应用。

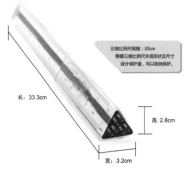
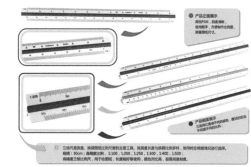

三角板

三角板有三个角、三条边，常见的有直角三角板和等边三角板，三角板上两条相交的边构成的角有30°、45°、60°、90°。将一块三角板和丁字尺配合，按照自下而上的顺序，可画出一系列的垂直线。将丁字尺与一个三角板配合可以画出30°、45°、60°的斜线，画图时按照从左向右的原则绘制斜线。用两块三角板与丁字尺配合可以画出15°、75°、105°的斜线。用两块三角板配合，可以画出任意一条图线的平行线。

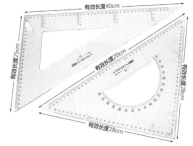
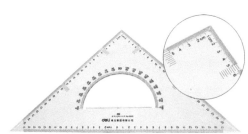

曲线板

曲线板也称云形尺，是一种内外均为曲线边缘（常呈旋涡形）的薄板，用来绘制曲率半径不同的非圆自由曲线。曲线板一般采用木料、胶木或赛璐珞制成，大小不一，常无正反面之分，多用于服装设计、美术漫画等领域，也少量用于工程制图。曲线板属于固定图案用尺，只能在上面寻找近似的曲线来参考绘制，多购买不同形态的曲线板有助于将常用曲线收集齐全。

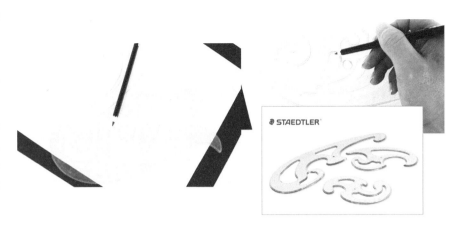

圆形模板尺

圆形模板尺主要是在尺面内置多个不同规格圆形的直尺，在工业设计中主要用于画规整的尺寸偏小的圆。大的圆需要借助圆规。

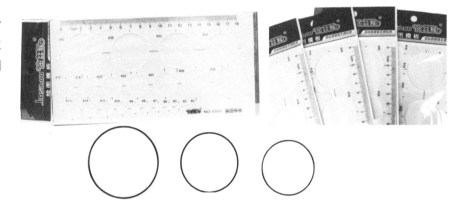

圆规

圆规是同学们非常熟悉的画圆工具，圆规由笔头、转轴、圆规支腿、格尺、折叶、笔体、笔尖、圆规尖、小耳构成。根据需要不同可以用圆规画出不同大小的圆。

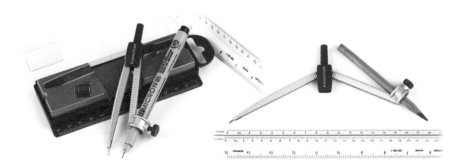

2.2.3 纸类工具

绘图纸张非常繁多，用得比较多的是水彩画纸、水粉画纸，白卡纸（有单双面的）、铜版纸和描图纸、进口的马克笔纸、插画用的冷压纸及热压纸、合成纸、彩色纸、转印纸，这些都是绘画理想的纸张。练习时常用的是复印纸、便宜的宣纸等。

纸张的规格在我国采用国际标准，规定以A0、A1、A2、B1、B2……等标记来表示纸张的幅面规格。标准规定纸张的幅宽（以X表示）和长度（以Y表示）的比例关系为$X:Y=1:n$。

正度（国内标准）纸张：787×1092mm；开数（正度）尺寸单位（mm）：全开781×1086、2开530×760、3开362×781、4开390×543、6开362×390、8开271×390、16开195×271。

以A为尺寸的A0、A1、A2、A3、A4、A5…是我们经常听到的概念，对应的尺寸规格如下表所示。

规格尺寸

规格	A0	A1	A2	A3	A4	A5	A6	A7	A8
幅宽（mm）	841	594	420	297	210	148	105	74	52
长度（mm）	1189	811	591	120	297	210	148	105	74
规格	B0	B1	B2	B3	B4	B5	B6	B7	B8
幅宽（mm）	1000	707	500	353	250	176	125	88	62
长度（mm）	1414	1000	707	500	353	250	176	125	88

素描纸

素描纸是专业纸浆制作而成，具有挺度好、耐折度强、纤维拉力极佳、双面使用、反复上铅不发亮、不掉粉、易擦不起毛、防霉、防蛀、中型环保等特点。最主要的特点就是抗摩擦、纸面粗糙的孔隙小利于清除。素描纸吸水性不强，更适合素描、水溶性彩铅、色粉笔及油性马克笔等进行绘画表现。

水彩纸

水彩纸最大特点就是吸水性强、抗摩擦、褪晕适中。水彩纸的种类很多，便宜的吸水性较差，昂贵的能使色泽保存更久。

根据纤维的不同，水彩纸有棉质和麻质两种基本纤维；根据表面的不同，则有粗面、细面、滑面的分别；根据制造工艺的不同，又分为手工纸（最为昂贵）和机器制造纸。

牛皮纸

牛皮纸（kraftpaper），经常用作包装材料，强度很高。牛皮纸通常呈黄褐色，漂或全漂的牛皮纸浆呈淡褐色、奶油色或白色。牛皮纸经常被有怀旧色彩的设计师所钟爱。

按照颜色的不同可以分为：原色牛皮纸、赤牛皮纸、白牛皮纸、平光牛皮纸、单光牛皮纸、双色牛皮纸等。

按照用途的不同可以分为：包装牛皮纸、防水牛皮纸、防潮牛皮纸、防锈牛皮纸、打版牛皮纸、制程牛皮纸、绝缘牛皮纸板、牛皮贴纸等。

按照材质的不同可分为：再生牛皮纸、牛皮芯纸、牛皮原纸、粗面牛皮纸、牛皮蜡纸、木浆牛皮纸、复合牛皮纸等。

白卡纸

白卡纸是一种坚挺厚实、定量较大的纸，以全化学漂白木浆抄制，基重约在$150g/m^2$以上。未涂布者称之为西卡纸，双面涂布者为铜西卡。白卡纸光亮、整洁、坚挺，适合圆珠笔、水笔及油性马克笔等作画，作为绘画材料，白卡纸并不常用。

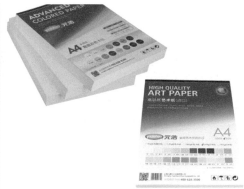

马克笔纸

马克笔纸适用于建筑师、工业设计师、插画师等，吸水性强，但不会渗透到另外一面，因为马克笔纸是很专业的用纸，价格比较高，设计师可以根据自己经济能力选择是否购买。

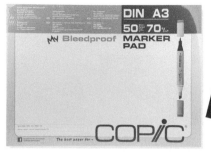

硫酸纸

硫酸纸，又称制版硫酸转印纸，主要用于印刷制版业，具有纸质纯净、强度高、透明好、不变形、耐晒、耐高温、抗老化等特点，广泛适用于手工描绘、走笔/喷墨式CAD绘图仪、工程静电复印、激光打印、美术印刷、档案记录等。有63gA4、63gA3、73gA4、73gA3、83gA4、83gA3、90gA4、90gA3等多种规格。

硫酸纸对于工业设计而言，还是有非常大的用处，特别对于初学者而言，硫酸纸可以覆盖在画面上进行临摹，提升自己对于形态、透视、材质、色彩等的把握度，而且，以硫酸纸作为手绘纸张所绘制出的图特别有风味，可以装裱在卡纸上，半透明磨砂的纸张效果及特有的纸张光亮相比较其他任何纸张都更具特点。

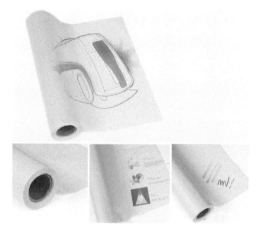

宣纸

宣纸常用于传统书画，可分为棉料、净皮、特净3大类。一般来说，棉料是指原材料檀皮含量在40%左右的纸，较薄、较轻；净皮是指檀皮含量达到60%以上的；而特净皮原材料檀皮的含量达到80%以上。皮料成分越重，纸张更能经受拉力，质量也越好；檀皮比例越高的纸，更能体现丰富的墨迹层次和更好的润墨效果，越能经受笔力反复搓揉而纸面不会破。

用宣纸作为工业设计手绘用纸其实是非常不错的，高档点的宣纸适合装裱，一般的宣纸更加适合大画面的工业设计手绘练习或绘制。相比较上述纸张，宣纸比较薄，容易渗透，所以作画的时候需要有材料作为衬底，如果不用马克笔或水粉上色，只用铅笔、圆珠笔、彩铅或色粉那么要求就简单很多。

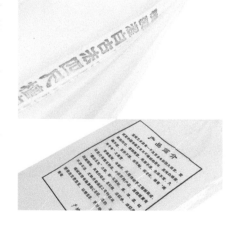

2.2.4 画板

画板是绘画时常用来垫画纸的平板，起到支撑、固定和衬垫的作用。画板的尺寸从大到小通常为4K、A3、8K。对于一些尺寸较大的画板，常放在画架上使用，尺寸适中和较小的画板通常放在膝盖上绘画。通常将画纸用金属夹子、工字钉或胶带固定在画板上。

各类画夹

在进行绘制时不同规格的画夹适合不同宽幅的纸张，在使用这类夹子的时候，如果宽幅过度，则可以用胶布进行固定。

思考练习

手绘绘图工具有哪些，一般性工业设计手绘需要哪些材料？

马克笔画法、水粉画法及彩铅画法的优缺点？

绘画纸张有哪些？平时你喜欢用什么样的纸张做草图练习？

喜欢用什么样的纸进行效果图绘制？

尺规类工具对手绘效果图的帮助有哪些？

2.3 绘制准备程序及画面的装裱

前面讲了绘制的工具和材料，现在将工具和材料准备好，开始手绘练习。根据需要绘制的对象准备好材料和工具，在桌子上一字排开。

除了准备上面的材料和工具外，还需要准备擦拭纸、餐巾纸及试用纸。擦拭纸和餐巾纸主要用于可以擦拭笔墨或均匀涂抹色粉；试用纸可以选择所选绘制纸张的边角料，主要是绘画前测试笔触粗细及色彩深浅，从而避免在绘画纸张上涂抹的时候出现较大误差。

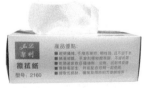  

接下来为大家大致讲解一下装裱的方法，以便更好地进行工业产品设计手绘。

第1种：用带有架子的A3或A4的画板夹住所需纸张开始手绘，这种方式最简单，在真正做设计的过程中也是最常用的，毕竟很多时候并不需要太过于精致的手绘表现，只需要快速勾勒图形、图像，并用马克笔或彩铅、色粉加以涂装，形成所需要的效果图。

第2种：将色粉纸或素描纸用美术专用的胶布将纸的四边平整地黏贴在画板上。这种装裱方式适合如A2、A3的宽幅纸张，而且一般是偏中长时间的手绘效果图绘制。如果没有美术专用的胶布也可以用透明胶代替，但是透明胶布容易损伤纸与画板。

第3种：可以用自制的牛皮纸或水粉纸长条将纸张的四边粘贴装裱到画板上。具体的做法是先用喷壶把水粉纸均匀喷湿（水不要太多）；然后用长条的纸和糨糊把水粉纸四边紧贴在画板上（推荐用糨糊）；等干了后纸面平整了再开始画画；画完后沿边裁下，留不留边可以根据需要自己决定。

采用这种装裱方式的纸无论怎样折腾，都不用担心。

也可以先用水把纸打湿，然后马上用细长的纸条抹上浆糊，或者是用专门的牛皮纸胶带打湿后把画纸的四周贴死，注意不能有任何空隙。等待纸干了之后就会非常的平整，即使是多次被水打湿，干了之后依然保持平整。这是画长期作业的裱纸方法。

思考练习

为何要进行画面装裱，画面装裱的目的是什么？

假如你要画一张你喜欢的效果图，需要用到哪些工具，你需要去准备哪些工具？

INDUSTRIAL

product design 工业产品设计手绘构图与透视

3.1 画面的构图

3.1.1 构图的基本理论

构图的基本知识

绘画时根据题材和主题思想的要求，把要表现的形象适当地组织起来，构成一个协调的、完整的画面称为构图。在我国国画论中不叫构图而叫布局，或叫经营位置。也就是说，手绘构图也可以是从美术的构图中转化而来，也可以简单地称它为布局。

在谢赫"六法"中所讲的"经营位置"其实就是对构图的讲解。为什么不是分布位置而称为"经营位置"呢？说明作画需要思考，要考虑如何把绘画对象合理地安排在画面中。明代谢肇　说："市故事便立意结构"。同时代的另一画家李日华说："大都画法以布置意象为第一"。可见取得好的题材，还不算万事大古，紧跟着要研究主体部分放在哪里，次要部分如何搭配得宜，甚至空白处、气势、色彩、题词等细节都要反复推敲，宁可没有画到，但不可没有考虑到，这种推敲布置的过程即是一种经营。

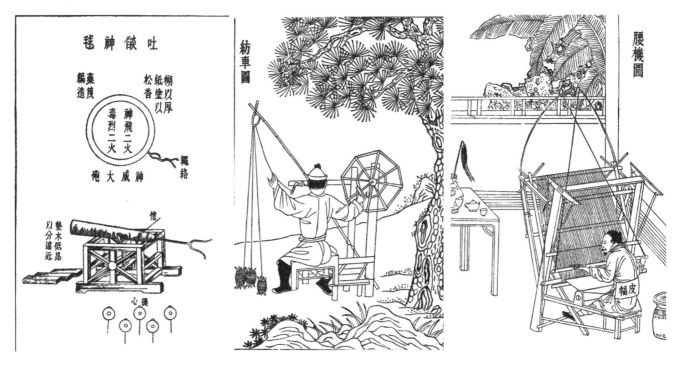

无论是古代的中国还是其他欧洲国家的工艺流程手绘或"产品设计"手绘都极其重视"手工艺"绘图，也非常注重画面的整洁及理性的排版。在计算机设计制图盛行的当下，对传统构图的临摹学习依然是十分有必要的。古人云，不以规矩，不成方圆。构图的基本原理就是规矩，也就是均衡与对称，对比和视点这三条。但由于每个人的艺术修养不同，观察事物的角度不同，创作出来的作品也是变化不一的。客观法则是不能违背的，但懂得法则的人却不会被法则所束缚。书法家林散之就说过："守墨方知白可贵，能繁始悟简之真。应从有法求无法，更向今人证古人。"意思是应该从有法求无法，不能墨守成规，要有创新意识，不要受条条框框的束缚，打破约束，张扬设计创作的艺术风格。只有这样才能做到以不同风格、不同张力去表现自我，才能真正意义地做到"青出于蓝而胜于蓝"。

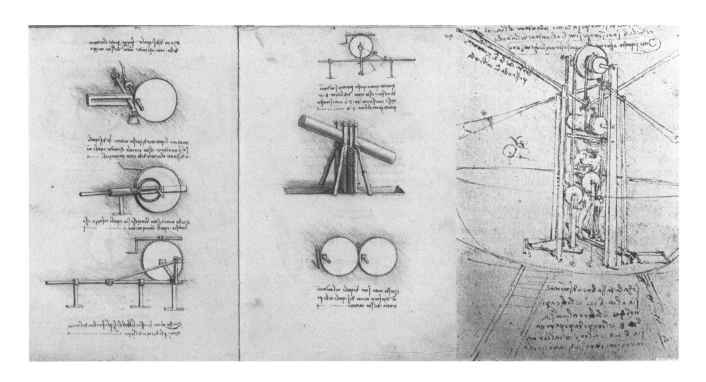

　　研究手绘构图或应用手绘布局的目的是什么？就是研究在一个平面上处理好产品的三维空间——高、宽、深之间的关系，以突出主题，增强艺术感染力。构图处理是否得当，是否新颖，是否简洁，对于手绘作品的成败关系很大。

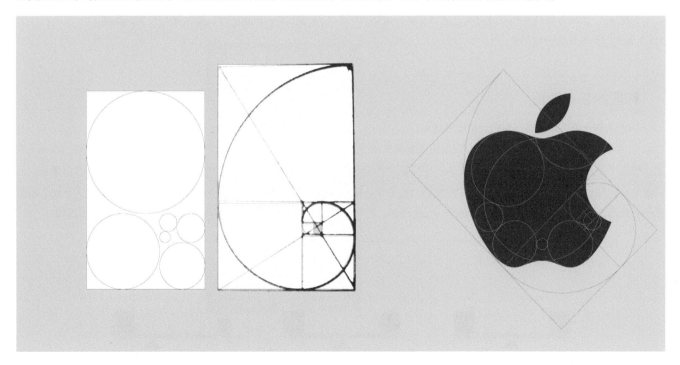

　　从实际工作而言，一幅成功的手绘作品，首先是构图的成功。成功的构图能使作品内容顺理成章，主次分明，主题突出，赏心悦目。反之，就会影响作品的效果，没有章法，缺乏层次，整幅作品不知所云。

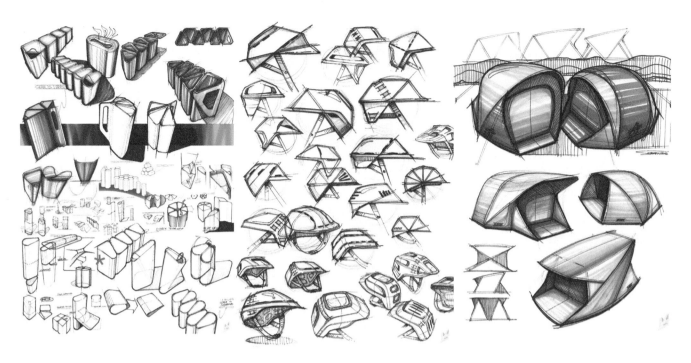

产品手绘构图概念内涵丰富，其内涵包括以下6点。

第1点：艺术形象在空间位置的确定。

第2点：艺术形象在空间大小的确定。

第3点：艺术形象自身各部分之间、主体形象与陪体形象之间的组合关系及分隔形式。

第4点：艺术形象与空间的组合关系及分隔形式。

第5点：艺术形象所产生的视觉冲击和力感。

第6点：运用的形式美法则和产生的美感。

构图的基本知识

构图的基本原则是均衡与对称、对比和视点。

均衡与对称是构图的基础，主要作用是使画面具有稳定性。均衡与对称本不是一个概念，但两者具有内在的同一性——稳定。稳定感是人类在长期观察自然中形成的一种视觉习惯和审美观念。因此，凡符合这种审美观念的造型艺术才能产生美感，违背这个原则的，看起来就不舒服。均衡与对称都不是平均，它是一种合乎逻辑的比例关系。平均虽是稳定的，但缺少变化，没有变化就没有美感，所以构图最忌讳的就是平均分配画面。对称的稳定感特别强，对称能使画面有庄严、肃穆、和谐的感觉。

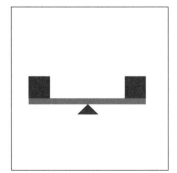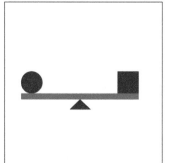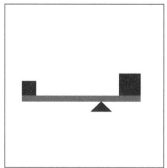

均衡与对称是相对的统一

对比得巧妙，不仅能增强艺术感染力，更能鲜明地反映和升华主题。对比构图，是为了突出主体、强化主题，对比的形式各种各样，千变万化，但是把它们同类相并，可以得出：一是形状的对比，如大和小、高和矮、胖和瘦、粗和细。二是色彩的对比，如深与浅、冷与暖、明与暗、黑与白。三是灰与灰的对比，如深与浅、明与暗等。在一幅作品中，可以运用单一的对比，也可同时运用各种对比，对比的方法是比较容易掌握的，但要注意不能死搬硬套，牵强附会，更不能喧宾夺主。

3.1.2 构图的基本形式

在工业产品设计手绘创作过程中常见的构图形式有：水平式（安定有力感）、垂直式（严肃端庄）、S形（优雅有变化）、三角形（正三角较空，锐角刺激）、长方形（人工化有较强和谐感）、圆形（饱和有张力）、辐射（有纵深感）、中心式（主体明确，效果强烈）、渐次式（有韵律感）、散点式（有受边框约束，自由可向外发展）。

水平式构图

画面上的产品或色调变化、颜色变化呈水平线出现的构图形式。是一种安定的构图形式，具有憩怡、安宁、平静的特点。水平式构图不是对称，是一种力量上的平衡，使画面具有稳定性。

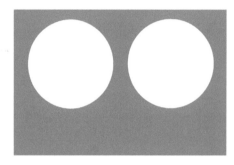

垂直式构图

垂直式构图原本主要是用在高山、建筑物、瀑布等景物的拍摄上或画像上。它的整个画面主要由垂直线条或垂直物体组成，能将被绘画产品表现得巍峨高大、富有气势。

垂直式构图使产品规矩正式，容易营造整齐、高大、安全等精致感。

S形构图

采用S形构图可以使产品的优美感在画面中得到充分发挥。S形构图动感效果强，既动且稳。S形构图一般情况下，都是从画面的左下角向右上角延伸。

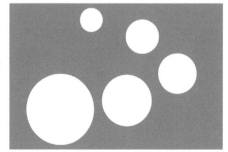

三角形构图

三角形构图一般是以3个视觉中心为表现对象的主要位置，有时是以3点成面几何构成安排表现对象，形成一个稳定的三角形。如果是自然形成的线形结构，这时可以把主体安排在三角形斜边中心位置上，以图有所突破。这种三角形可以是正三角也可以是斜三角或倒三角，其中斜三角较为常用，也较为灵活。三角形构图具有安定、均衡但不失灵活的特点。

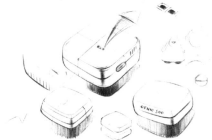

长方形构图

这种构图形式是假设把画面的长、宽各分为3等分，把相交的各点用直线连接，形成"井"字形。被表现的主体不是位于画面的正中，而是被安置在组成"井"字的纵横线条的交叉点上，整幅画面显得既庄重，又不拘谨，而且主体形象格外醒目。

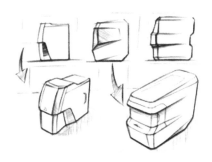

圆形构图

圆形是封闭和整体的基本形状，圆形构图通常指画面中的主体呈圆形。圆形构图在视觉上给人以旋转、运动和收缩的审美。在圆形构图中，如果出现一个集中视线的趣味点，那么整个画面将以这个点为轴线，产生强烈的向心力。

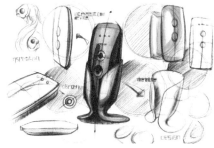

辐射构图

辐射式构图也是一种很常用的构图方式，很多人都喜欢用，视觉冲击力强，向外扩展的方向感和动态都很明显，虽然是辐射出来的线条或是图案，但是按其规律可以很清晰地找出辐射的中心。

辐射式构图大致有如下几个特点，增强画面张力、凸显发散中心、收紧画面主题。

中心式构图

中心式构图也叫向心式构图。主
体处于中心位置，四周景物呈向中心集
中的构图形式，能将人的视线引向主体
中心，并起到聚集的作用。具有突出主
体的鲜明特点，但有时也会产生压迫中
心，局促沉重的感觉。

渐次式构图

这种构图是将多个产品进行渐次式
排列，产品展示空间感强，各个产品所
占比重不同，由大及小，构图稳定，次
序感强，利用透视引导指向。此类构图
给读者情绪稳定、自然，产品丰富可靠
的感觉。

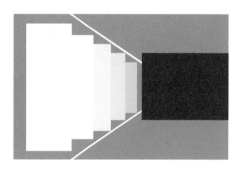

散点式构图

绘画时根据题材和主题思想的要
求，把要表现的对象适当地组织起来，
将某些点均匀分散地分布在整个立面
上，该种构图往往需要结合色彩的变化
进行表现。

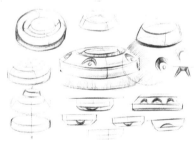
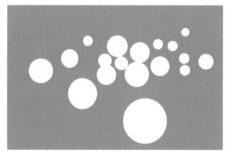

无论古代还是现代，优秀的画家或优秀的设计师都非常注重画面的构图，遵循构图的基本原则，将均衡与对称、对比和视
点、形状、色彩、大小、比例与构图融合，逐步塑造出自己的风格。这对于同学们来说，如何通过自己不断练习与揣摩深入体验
构图的重要性是十分关键的，胸有沟壑后对自己在平面设计构图及作品的版面排布上将会有深远的影响。

思考练习

什么是构图，大致有几种构图方式，构图的基本原则是什么？它们的特点是什么？
以一个工业产品设计为例进行上述几种构图方式的练习。

3.2 透视知识详解

透视是透视绘画法的理论术语。"透视"一词源于拉丁文Perspclre（看透），故有人解释为"透而视之"。

透视是工业设计效果图绘制过程中非常重要的环节，也是基础中的基础。无论是刚起步的学生还是非常熟练的专业设计师，在绘画过程中都要注意透视关系。在接下来的知识讲解中通过对透视图法的理论阐述及透视基本绘制方法的介绍，让同学们可以深入浅出地学习透视，从一点透视、两点透视、三点透视到基于坐标轴画法的创新型工业设计透视手绘方法，都会细致全面地进行介绍。在进行透视绘画练习的初期可以借助直尺工具进行辅助，熟练以后要用铅笔或水笔等工具轻松绘制各类透视，并可以根据自己的喜好设定画面的大小和视角。

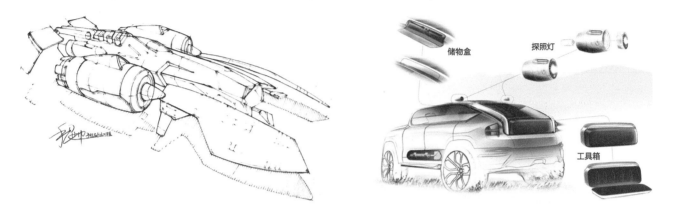

3.2.1 透视图法基本原理

最初研究透视是通过一块透明的平面去看景物的方法，将所见景物准确描画在这块平面上，即成该景物的透视图。后遂将在平面画幅上根据一定原理，用线条显示物体的空间位置、轮廓和投影的科学称为透视学。

在绘画者和被画物体之间假想一面玻璃，固定住眼睛的位置（用一只眼睛看），连接物体的关键点与眼睛形成视线，再相交于假想的玻璃，在玻璃上呈现的各个点的位置就是要画的三维物体在二维平面上的点的位置。这是西方古典绘画透视学的应用方法。

狭义透视学特指14世纪逐步确立的描绘物体，再现空间的线性透视和其他科学透视的方法。现代则由于对人的透视知觉的研究，拓展了透视学的范畴和内容。广义透视学可指各种空间表现的方法。

　　画家在作画的时候，把客观物象在平面上正确地表现出来，使它们具有立体感和远近空间感，这种方法叫透视法。因为透视现象是近大远小的，所以也称为"远近法"。西洋画一般是采用"焦点透视"，它就像照相一样，观察者固定在一个立足点上，把能摄入镜头的物象如实地照下来，因为受空间的限制，视域以外的东西就不能摄入了。

　　中国画的透视法就不同了，画家观察点不是固定在一个地方，也不受视域的限制，而是根据需要，移动着立足点进行观察，凡各个不同立足点上所看到的东西，都可组织进自己的画面里，这种透视方法，叫作"散点透视"，也叫"移动视点"。中国山水画能够表现"咫尺千里"的辽阔境界，正是运用这种独特的透视法的结果。故而，只有采用中国绘画的"散点透视"原理，艺术家才可以创作出数十米、百米以上的长卷，如果采用"焦点透视法"则无法达到。

　　透视画法是以现实客观的观察方式，在二维的平面上利用线和面趋向会合的透视错觉原理刻画三维物体的艺术表现手法。

　　透视画法提供了一种对物体或景色的三维视角，以及形象的思维方式。

　　透视三要素：透视的主体，是眼睛观察物体的主观条件。透视的客体，是构成透视图形的客观依据。透视的媒介，是构成透视图形的载体。

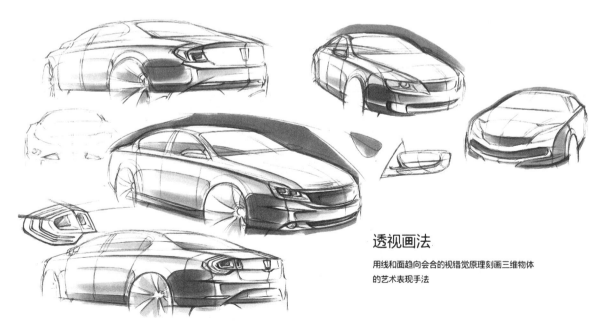

透视画法
用线和面趋向会合的视错觉原理刻画三维物体的艺术表现手法

3.2.2 透视图术语

透视：通过一层透明的平面去研究后面物体的视觉科学。

透视图：将看到的或设想的物体、人物等，依照透视规律在某种媒介物上表现出来，所得到的图叫透视图。

视点：人眼睛所在的地方，标识为S。

视平线：与人眼等高的一条水平线，标识为HL。

视线：视点与物体任何部位的假象连线。

视角：视点与任意两条视线之间的夹角。

视域：眼睛所能看到的空间范围。

视锥：视点与无数条视线构成的圆锥体。

中视线：视锥的中心轴，又称中视点。

站点：观者所站的位置，又称停点，标识为G。

视距：视点到心点的垂直距离。

距点：将视距的长度反映在视平线上，心点的左右两边所得的两个点，标识为D。

余点：在视平线上除心点和距点外，其他的点统称余点，标识为V。

天点：视平线上方消失的点，标识为T。

地点：视平线下方消失的点，标识为U。

灭点：透视点的消失点。

测点：用来测量成角物体透视深度的点，标识为M。

画面：画家或设计师用来表现物体的媒介面，一般垂直于地面平行于观者，标识为PP。

基面：景物的放置平面，一般指地面，标识为GP

画面线：画面与地面脱离后留在地面上的线，标识为PL。

原线：与画面平行的线。在透视图中保持原方向，无消失。

变线：与画面不平行的线。在透视图中有消失。

视高：从视平线到基面的垂直距离，标识为H。

平面图：物体在平面上形成的痕迹，标识为N。

迹点：平面图引向基面的交点，标识为TP。

影灭点：正面自然光照射，阴影向后的消失点，标识为VS。

光灭点：影灭点向下垂直于触影面的点，标识为VL。

顶点：物体的顶端，标识为BP。

影迹点：确定投影长度的点，标识为SP。

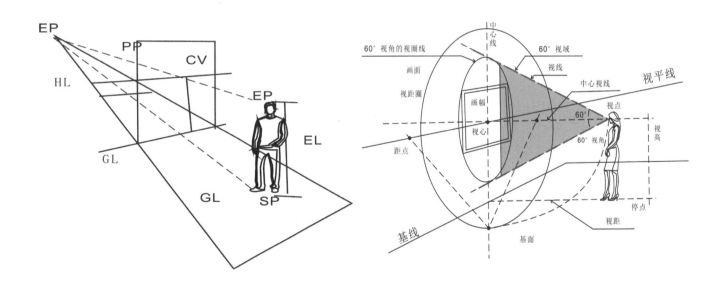

3.2.3 透视图的种类及基本画法

　　学习了透视的基本概念及相关术语后，接下来进入常规的透视画法的讲解及相关的手绘训练，从传统的一点透视、两点透视及三点透视开始，延伸至非常实用的基于坐标轴的透视画法。

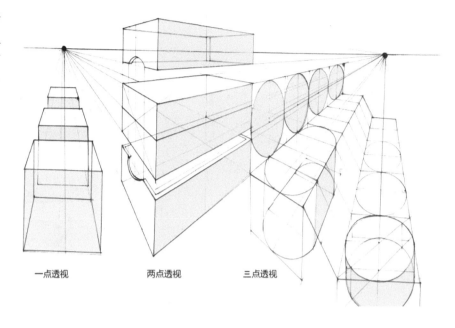

一点透视　　　　两点透视　　　　三点透视

一点透视

　　一点透视又称为平行透视，由于在透视的结构中，只有一个透视消失点，因而得名。平行透视是一种表达三维空间的方法。当观者直接面对景物，可将眼前所见的景物，表达在画面之上。通过画面上线条的特别安排，来组成人与物，或物与物的空间关系，令其具有视觉上立体及距离的表象。

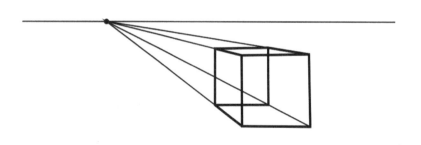

一点透视

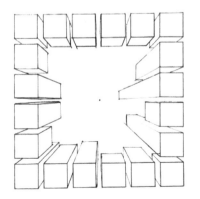

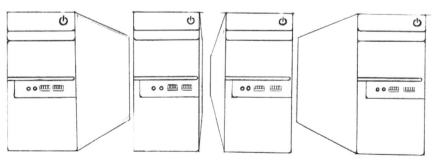

正六面体的一点透视最少能看见一个面，最多能看见三个面。正六面体作图的线段有水平线、垂直线和消失线。

两点透视

两点透视又称为成角透视，由于在透视的结构中，有两个透视消失点，因而得名。成角透视是指观者从一个斜面的角度，而不是从正面的角度来观察目标物。因此观者看到各景物不同空间上的面块，亦看到各面块消失在两个不同的消失点上，这两个消失点皆在水平线上。成角透视在画面上的构成，先从各景物最接近观者视线的边界开始，景物会从这条边界往两侧消失，直到水平线处的两个消失点。

两点透视

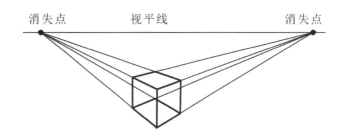

消失点　　　视平线　　　消失点

两点透视是工业设计效果图绘画或设计过程中非常常用的透视绘画方式，根据透视的基本原理，同学们要多加练习。在掌握了几何体两点透视的基本绘制方法后，可以尝试画一些简单的工业产品，如常见的空调、油烟机、微波炉、冰箱、洗衣机等，通过不断地练习可以获得自己想要的视角。对于初学者临摹也是非常有效的学习方法，可以从相对简单的工业设计形体开始，以临摹实物照片的方式绘制透视轮廓，然后慢慢过渡到比较复杂的工业产品绘制，当然也可以用铅笔或淡灰色的马克笔上点色，体验下透视感觉。

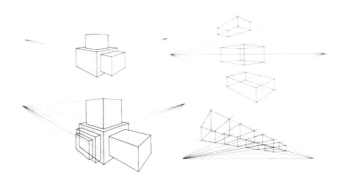

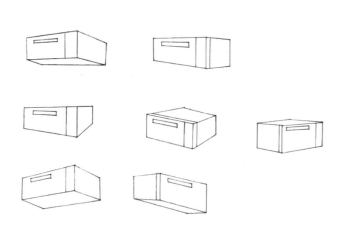

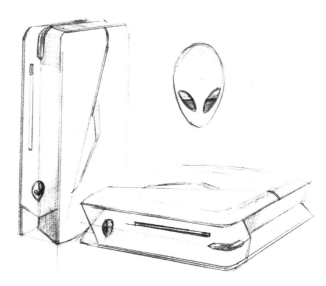

绘制四驱车类产品的时候会比一般性质的工业产品要复杂。这时可以采用模块化的方式绘制，将多零部件构成的产品看做是相互组合的模块，绘制时强行把一些有一定联系的模块进行捆绑绘制，初步绘制确定后再对细节进行补充和完善。

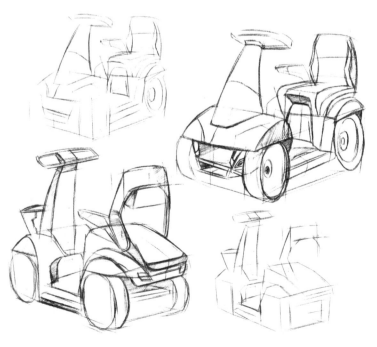

三点透视

三点透视又称为斜角透视，是在画面中有3个消失点的透视。此种透视的形成，是因为表现对象没有任何一条边或面块与画面平行，相对于画面，表现对象是倾斜的。当物体与视线形成角度时，因立体的特性，会呈现往长、宽、高向三种空间延伸的块面，并消失于三个不同空间的消失点上。

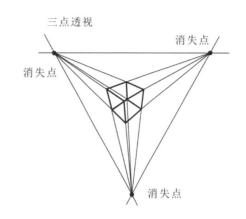

三点透视在绘画时相比两点透视，多了一个消失点，当消失点在视平线上方时称为仰视，当消失点在视平线下面时称为俯视。通过对比练习，可以看到三点透视有很好的紧凑感，可以将物体的透视进行合理性的再次排布，从而得到整体感更强的画面，并充满"聚集"的视觉冲击力。在绘制三点透视的产品时，可以先绘制大的外轮廓（几何体方式呈现），突出"紧凑"的画面感觉。

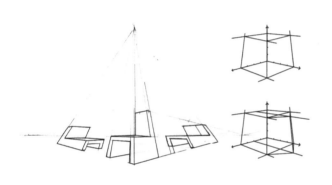

接下来根据这种基本法则尝试绘制打印机，先绘制基本的角度，然后根据其自身的关系特征做体面的切割，也可以在绘制的过程中做一些草图的堆叠，让其看上去有些设计感。

三点透视非常适合"造势"，相比两点透视，三点透视有前倾或后仰的视觉效果，而不是两点透视的平视效果。在俯视或仰视时产品具有了与众不同的张力，因此非常适合表现相对高大的物体，如大型卡车、建筑物等。

坐标轴画法

前面讲了一点透视、两点透视及三点透视，除了这3种透视方法，接下来讲解坐标轴透视绘制方法。

二维坐标轴主要由X轴和Y轴构成，有4个象限。在CAD软件或三维软件的各类视图中经常用到，点的位置也主要由坐标来决定。

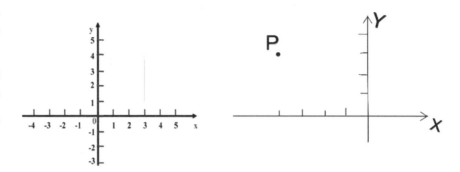

在工业产品设计绘图中主要是基于CAD的各类视图的轮廓线的绘制及尺寸标注。对于设计类同学而言，就是理解六面体在主视图、仰视图、俯视图、左视图、右视图及后视图的表现。

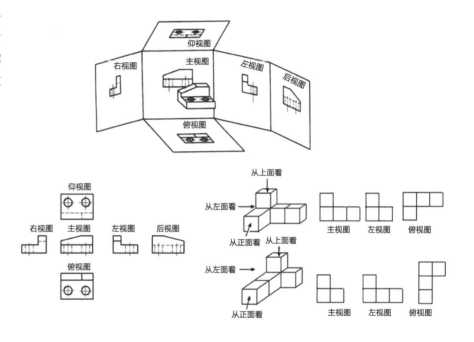

这种六视图在机械制图及计算机CAD软件的平面坐标中得到很好的体现，这种图视方法还常用于外观专利等专利申请的表格填写中，了解平面坐标轴的意义也是为后续的三坐标奠定基础。掌握这种视图方式对于工业设计手绘是绝对有好处的，可以通过对产品的六个面进行绘制，全方位掌握工业产品设计造型。

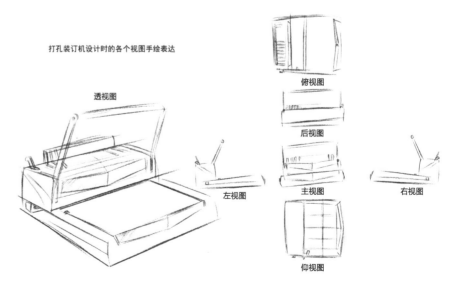

打孔装订机设计时的各个视图手绘表达

常规的三维坐标轴画法是指在平面二维坐标轴中又加入了一个方向向量构成的空间系。三维即是坐标轴的三个轴，即X轴、Y轴、Z轴，其中x表示左右空间，y表示上下空间，z表示前后空间，这样就形成了人的视觉立体感。这种常规坐标轴的绘画方式常用在机械零件的机械制图当中。

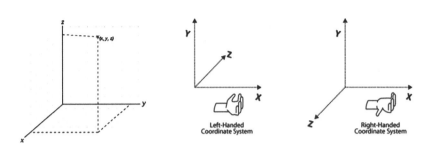

接下来体验一下具体的改良画法，坐标轴结合3种透视的画法，以正方体、圆柱体为载体结合上述的画法尝试体验空间的感觉。

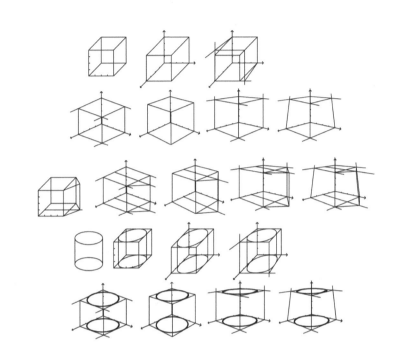

改良的坐标轴画法可以根据产品的具体尺寸、比例作为工业产品设计绘画的方法。通过具体的比例、尺寸与透视画法结合产生既有"数"又有透视的感觉，并在同学们脑海中形成强烈的空间感觉，基于对工业产品的几个主要视图的理解就可以非常容易地把握全局。因此坐标轴画法适合准确绘制，且与后期的三维软件课程可以无缝衔接。

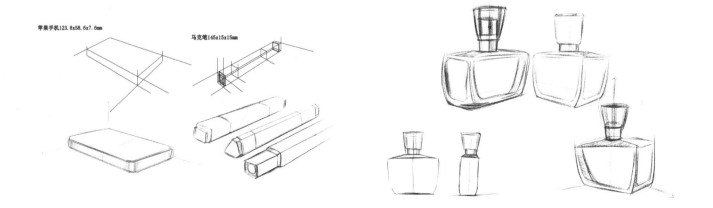

旋转的透视空间

如果表现的工业产品与X、Y、Z轴有交叉角度，那么又该怎样进行绘制呢？

下图是以坐标轴为基础绘制的矩形的几种透视关系表现，主要是基于平面图在三维坐标系中旋转角度获得的矩形位置，需要空间想象力以及计算能力。这种方法的好处在于我们可以在被绘制的工业产品的体或面的关系中寻求合理的位置，从而在空间上表现出准确的线条。

工业产品的水平旋转绘制方法，可以锻炼设计师的空间想象能力。在绘制之初，先用立方体确定好旋转过程中的大体位置，然后根据产品自身的比例切割线条，从而保证产品在各个角度中的比例关系正确。这样有助于设计师安排画面，并且可以根据自己的喜好，使画面呈现轻重、轻疏的对比等，画面也会显得丰富立体。

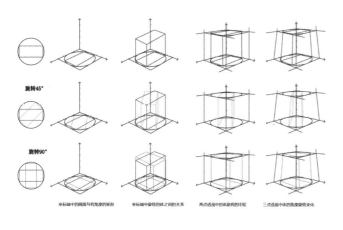

坐标轴中的圆周与有角度的矩形　　坐标轴中旋转的体之间的关系　　两点透视中的体旋转的比较　　三点透视中体的角度旋转变化

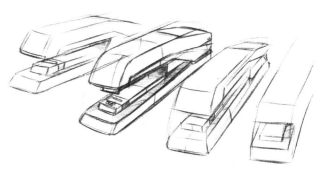

下图是以坐标轴中的两点透视画法为基础，将物体旋转一定的角度，形成空间角度关系。绘制时需要以圆周作为辅助线确定物体的旋转位置。

接下来先以海报或者宣传页里的具有旋转角度的手机效果图进行手绘练习，体验此类型手绘的乐趣。

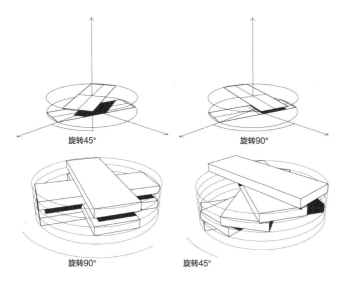

旋转45°　　　　旋转90°

旋转90°　　　　旋转45°

下面用简单的钥匙型几何体来体验径向单面旋转方式以及垂直空间旋转方式下的手绘效果。首先徒手绘制出底稿，然后用直尺辅助强化轮廓，最后在一个方向的面上加阴影线，这样整个画面就变得极具视觉冲击力。由此可见，良好的空间旋转摆设绘制也是强化工业设计手绘的一个重要环节。

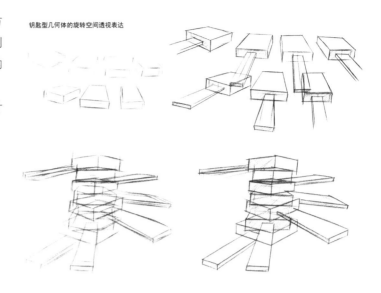

钥匙型几何体的旋转空间透视表达

结合透视的"龙骨特征画法"

通过前面知识的学习，相信同学们已经对几种透视的画法有了一个完整的认识。但是，这并不能完全保证能画好工业产品的轮廓，特别是看上去没有具体特征的一些工业产品。

"龙骨特征画法"也称"庖丁解牛法"。要绘制好产品，必须了解各部分的位置与细节。都说画龙画虎难画骨，龙骨正是工业产品或其他物体绘画的重要之处。

要学会龙骨画法，首先要简化形体，这些轮廓基本上以几何形体来呈现。毕竟以空间中的几何体来呈现是最简单而有效的方法，同时，也易于把握工业产品各零部件的相互关系及比例。

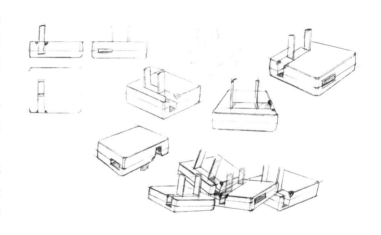

龙骨其实比较简单，关键还是几何体自身的透视角度的练习。如插座、插头、MP3类电子产品的透视比较容易把控，即使没有设想好构图、视角，因为其本身较为对称均衡，所以无论怎么画都不会出现太大的纰漏。而诸如螺丝刀、拖把、立式吸尘器等修长的工业产品，就需要先画"龙骨"确定角度、空间、比例等。逐步让骨干丰满起来，最后施以产品一定的明暗刻画，达到细腻、逼真的效果。

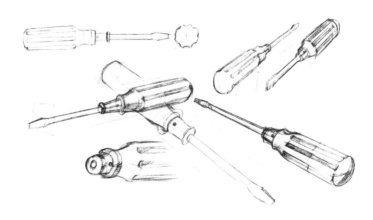

通过上述简单的几何形式的概括画法，我们对常规的工业产品有了清楚的认识，为下面空间曲线的准确绘制打下了基础。

3.2.4 圆角的透视

可以先从简单的倒圆角立方几何体及几何体衍生出来的工业产品手绘体验一下空间圆角。通过借助节点的辅助线，画出来的圆角基本符合各透视视角的绘制。

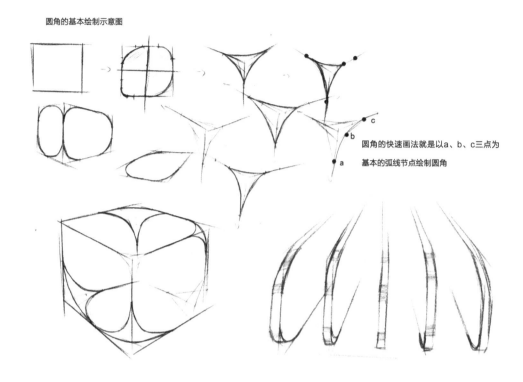

圆角的基本绘制示意图

圆角的快速画法就是以a、b、c三点为

基本的弧线节点绘制圆角

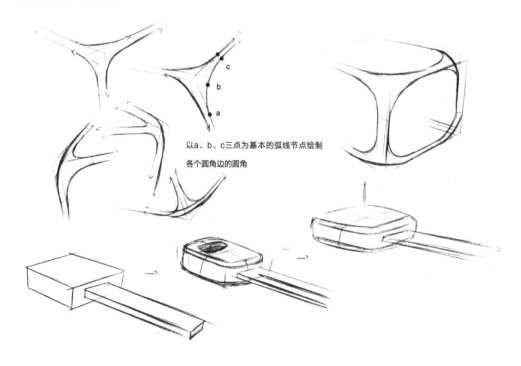

几何体导圆角的基本绘制示意图

以a、b、c三点为基本的弧线节点绘制

各个圆角边的圆角

掌握了圆角的基本绘制后，可以将这种绘制方式扩大到各种视角下的圆。

"达·芬奇"式圆的各种快速绘制

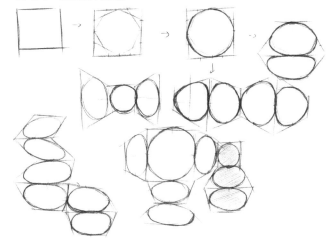

圆是工业设计手绘里比较具有挑战性的形体，不同透视的圆隐含了空间中的位置关系。

不同视角辅助面下圆的透视绘制

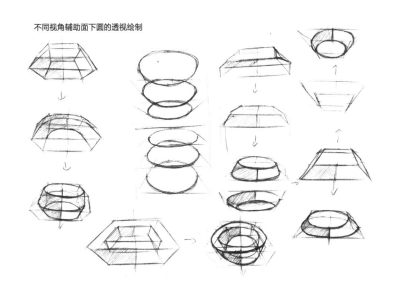

做圆形在曲面上的投影练习，体验不同曲率弧面下的投影效果，在这一练习过程中可以找到准确绘制剃须刀刀头的方式。

圆在曲面投影绘制练习

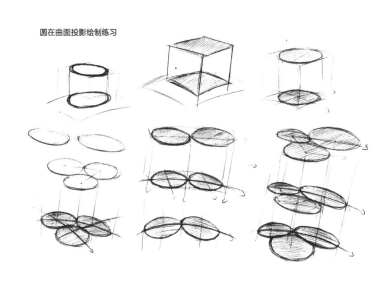

　　依据右图所示方法，借助
辅助线可以徒手绘制比较准确
的复杂曲线。

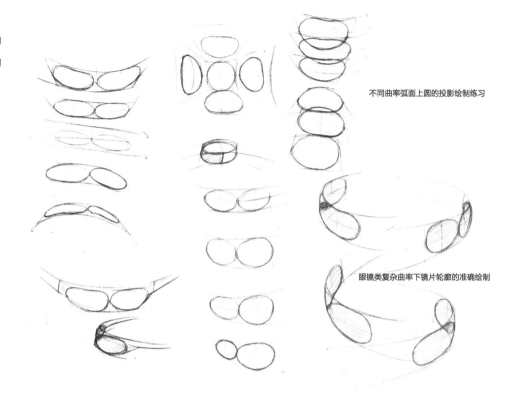

不同曲率弧面上圆的投影绘制练习

眼镜类复杂曲率下镜片轮廓的准确绘制

　　绘制手表与绘制镜片是
异曲同工的，只要掌握了不同
视角的圆形弧面的合理透视关
系，通过反复训练，就比较容
易绘制各类表的透视了。

手表类产品的各种曲线曲面的手绘绘制

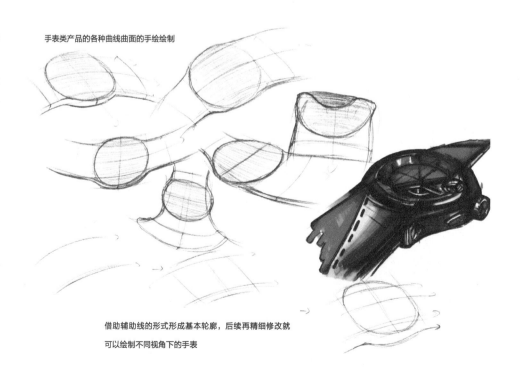

借助辅助线的形式形成基本轮廓，后续再精细修改就
可以绘制不同视角下的手表

3.2.5 形体简化的透视训练方法

形体简化是透视训练过程中非常重要的绘制方式，由简入难也符合任何手绘的过程，绘制的过程中将各个部件模块化、简单化，初步绘制只注重透视关系与位置比例关系即可。

工业产品手绘环节中大的形体绘制方式

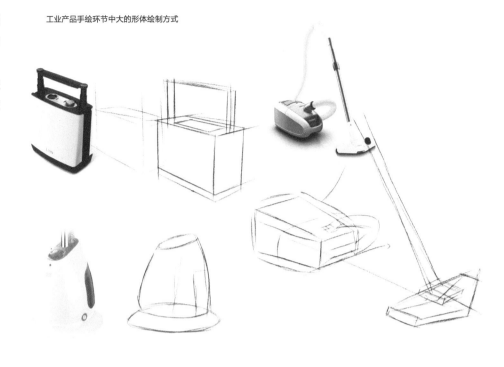

对初学者来讲，形体简化的绘制方式是必学的，因为几何形体是最容易上手的，同时也较好解决了初学者对于复杂产品绘制的畏惧心理。

各种剃须刀的龙骨绘制方式

简化再简化，确定产品的龙骨，就可以深入细化细节了

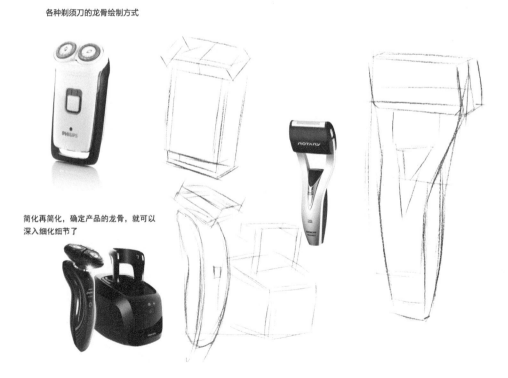

相比日常生活中的家电，机械臂或各类计算机活动支架的空间透视就更需要这种方法了。

下面以常见的电熨斗的透视绘制作为锻炼研究。首先需要对电熨斗的底面、截面、高度、大的几何体进行直观感受，电熨斗是比较接近三棱锥的几何体，因此在绘制的时候先考虑空间位置关系，然后根据实际的比例关系在电熨斗的外弧面上做辅助线切割画面。这样就保证了空间上的绝对一致性，然后再慢慢修改各个弧面、弧线，并合理安装上按钮、旋钮等零部件。

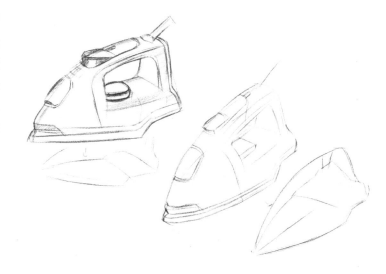

这种方法的好处是锻炼了我们的空间想象能力，可根据自己的设想来绘画产品在各种角度下的细节。

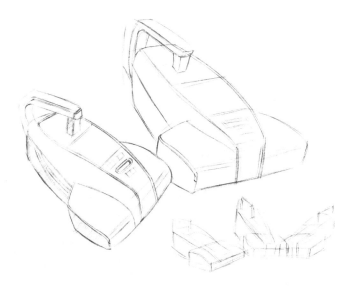

无论产品如何复杂，我们尽量将形
体简化成以简单的几何体为主要骨架进
行透视分析，然后在这个基础上逐步丰
富。也可以尝试一些结构上的改动，让
画面活泼起来，有动有静，增加画面构
图和耐看度。

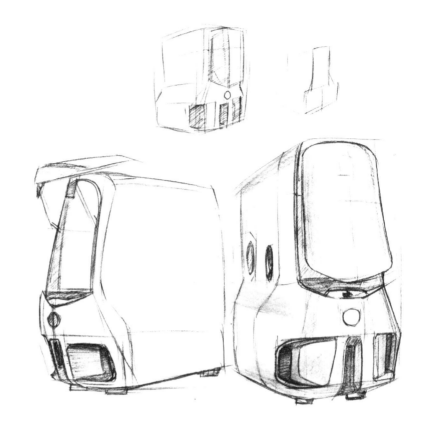

当看到漂亮的产品造型手绘图时可
以临摹，并通过系统性的设计思考来完
成各类有意思的构图。

从简化的几何到复杂的形体，都需要创造性的想象力，有可能的话可以通过自己的创意或审美来改编原有的产品视角，让
其能自然地呈现。

3.3 各类透视方法练习

通过前面的讲述，我们基本上对各种透视有了深刻理解。同学们可以在这个基础上对身边的各类产品进行演绎，我们的目标很简单，就是通过反复练习、揣摩来获得属于自己擅长的绘画方式，当然，如果能将其变成本能反应的一部分，无疑对我们的工业设计手绘技能有巨大的推动作用。

3.3.1 一点透视练习

微波炉一点透视绘制

step1 选定绘制对象，然后画出工业产品的正视图。

step2 在正视图上边角进行一点透视绘制，得到另外的面。

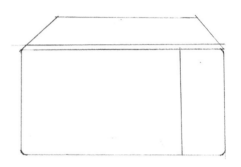

step3 初步绘制出正视图的细节，注意线条的流畅性。

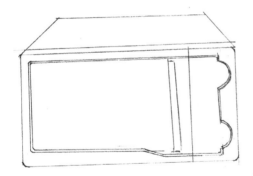

step4 继续完善正视图的细节绘制。

step5 完善所有的轮廓及细节，无论何时，除却正视图外的所有线条都遵循"汇聚灭点"的透视原则，形成强烈的透视效果。这种画法在工业设计手绘中非常常见，特别是一些特别现代的工业产品的绘制，如冰箱、机箱的线稿图绘制。

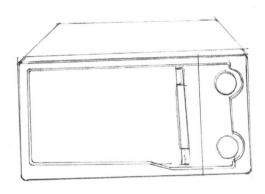
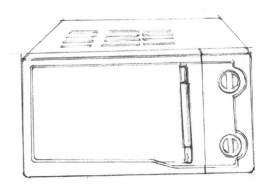

工具箱一点透视绘制

step1 先绘制立方体的一点透视，将所有非正面视图的线条都趋向灭点。

step2 在一点透视的几何体下绘制细节，注意线条的透视关系。

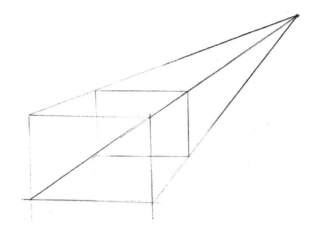
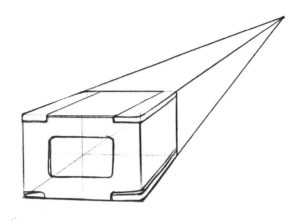

step3 增加把手及各个可视面的细节，完成整体产品的一点透视绘制。

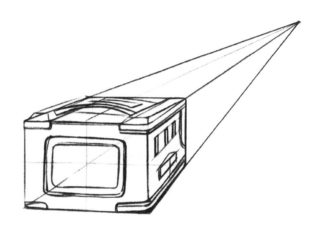

TIPS

复杂造型的透视图绘制时，可以先绘制正面，再根据一点透视原理绘制其他几个可见面的整体效果图。

直板手机一点透视绘制

step1 绘制出视平线，然后绘制一条与视平线平行的直线确定产品的位置，接着在视平线上确定一个灭点。

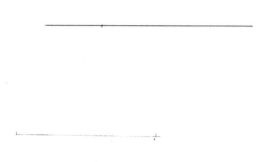

step2 根据透视关系绘制一点透视下的立方体，作为后续产品绘制的基本型。

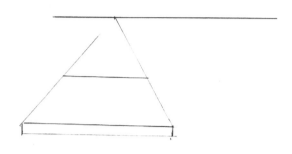

step3 在原有的透视立方体基础上确定拱起部分形体的空间位置。

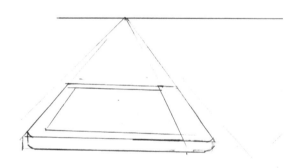

step4 在空间位置基础上画出高度，变成一点透视下的立体空间，注意此时线条的走向。

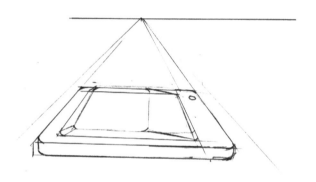

step5 绘制完各部分的细节，然后将主要的轮廓线加粗，完成直板手机产品的一点透视表现。

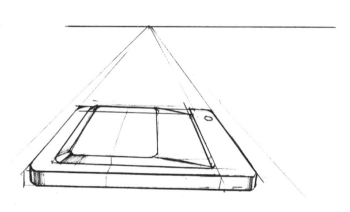

卷尺一点透视绘制

step1 手绘工业产品的基本轮廓，主要采用简化的方式进行绘制。首先绘制卷尺的简化形体透视图。

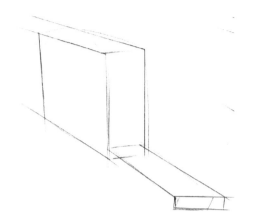

step2 在一点透视的几何体上做切割，形成基本轮廓。用切割的方式绘制可以保证产品的对称性，也可以作为后期绘制的辅助线。

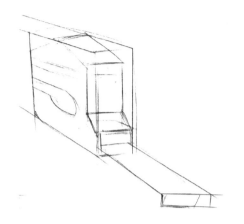

step3 在上图的基础上绘制圆角线，然后将主要的轮廓线加粗，并进一步完善该工业产品的细节。

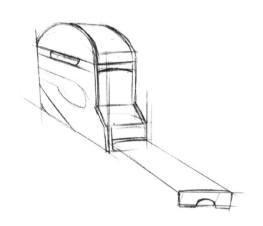

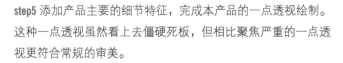

step4 刻画较小零部件与主体的凹凸关系，基本完成各个轮廓细节。

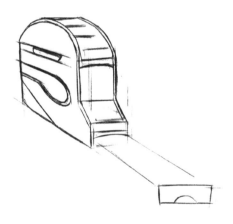

step5 添加产品主要的细节特征，完成本产品的一点透视绘制。这种一点透视虽然看上去僵硬死板，但相比聚焦严重的一点透视更符合常规的审美。

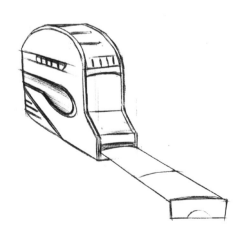

3.3.2 两点透视练习

家具两点透视绘制

step1 先初步绘制两个立方体作为两点透视图的基本轮廓。

step2 丰富板材的厚度，让产品的两点透视效果更加明晰。

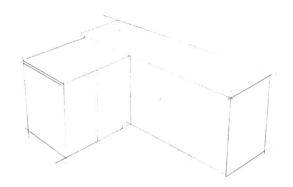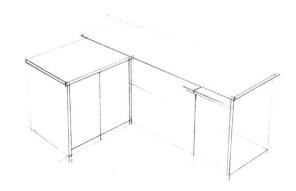

step3 完善细节，加强轮廓线，完成家具的两点透视绘制。家具的两点透视绘制在日常的设计中比较常见，因此对此类产品的绘制需要多加练习。

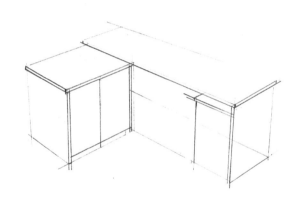

数码产品两点透视绘制

step1 绘制两点透视效果图的基本轮廓。

step2 在原有的基础上绘制较薄的立方体。

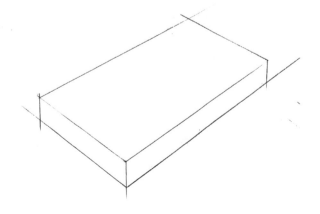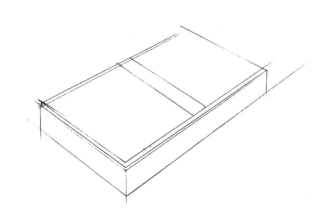

step3 对已有的产品进行面的切割，形成基本的产品轮廓。

step4 绘制产品的圆角，在绘制之前可以将原来的直角进行擦拭，并进行重新绘制。

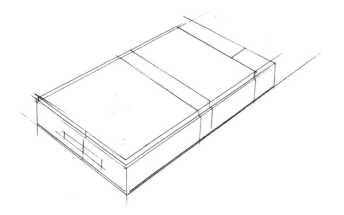

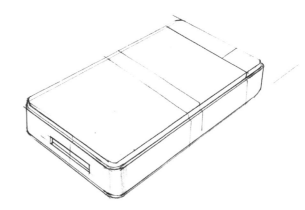

step5 完善产品的形体细节，并绘制出局部的光影，增加产品的整体效果。

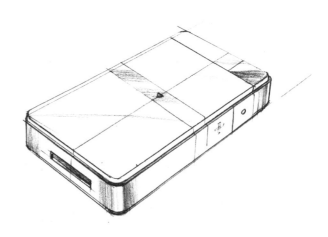

TIPS

完成产品简单的两点透视练习之后，还可以对产品进行旋转透视练习，锻炼表现产品在空间中的位置感。

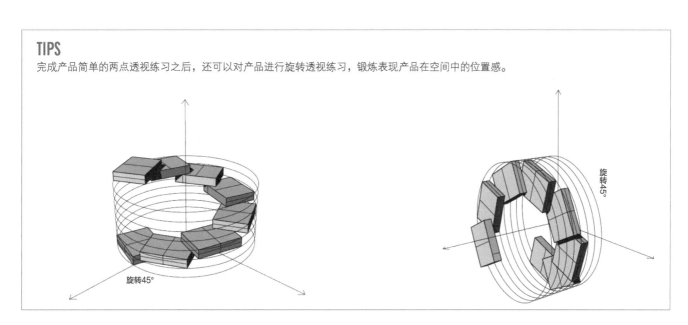

自由摆放产品两点透视绘制

　　掌握自由摆放产品的透视绘制方法，对于画面构图及产品效果图表现会起到非常重要的帮助。在练习时可以根据临摹对象或自己创作的对象进行自由绘制，可以随心所欲地安排视角及产品物体间前后、轻重等画面关系。一般来说，主体部分可以强调画面的整体性与丰富性，枝干部分则以轮廓的方式呈现。这样绘制完成的作品在读者看来融合了很多中间造型上的思考，仿佛看到了完整的设计过程。这就是虚实相生的绘制方法，非常适于表现灵活的工业设计效果图。

step1 绘制卷尺两点透视的基本型，为后期的绘制奠定一定的基础。

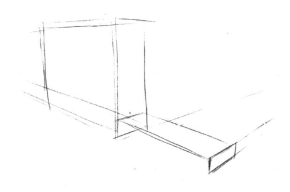

step2 在原有的基本型上进行形体切割，确定各个细节的位置。

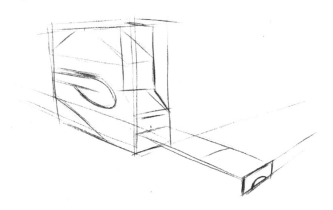

step3 细化产品的基本轮廓，尽量流畅地将边缘轮廓确定好。

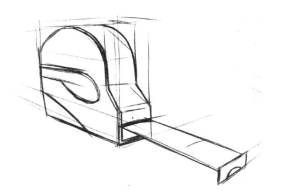

step4 增添一些产品的细节，丰富整体。

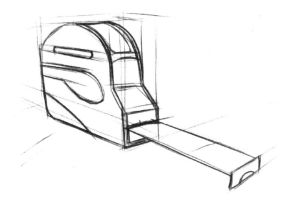

step5 增加必要的细节特征，完成卷尺的两点透视线稿图。

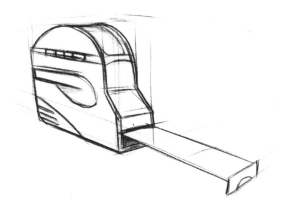

TIPS

绘制带有思考性质的手绘非常值得提倡。一般是从临摹学习的视角转变到自己设定的效果图视角的递进绘制过程。

对于复杂的形体，需要借助基本型的"龙骨绘制"方法。学会用基本型确定形体比例关系，将复杂的空间曲线关系定位到准确的空间位置。

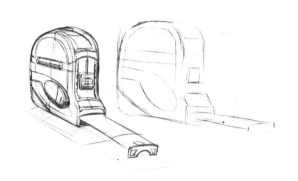

3.3.3 三点透视练习

箱体三点透视绘制

step1 先确定近似等腰三角形的三个灭点，并将空间位置上的线条交叉，自然形成具有三点透视的立体形态。

step2 在已具有的基本型的立体几何上进行绘制，此时每画一条线，都需要与三个灭点有辅助线的连接绘制，从而获得准确的方向。这类灭点位置在透视上基本是仰视视角，体现出产品的雄伟、高大。

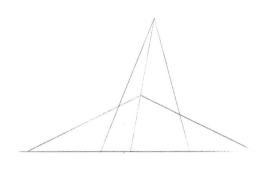

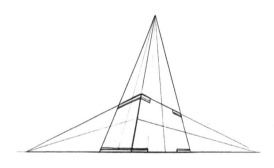

step3 完善产品的细节绘制，得到仰视视角下的三点透视工业产品线稿图。

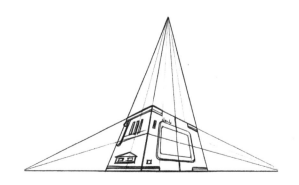

手提箱三点透视绘制

　　三点透视具有很好的张力，在机车类产品等相对复杂的形体绘制中，考虑以模块化的方式来绘制，做到左右兼顾。另外画这类产品最好还是从辅助线开始，突出主要的设计部分，弱化非主要的模块，最后绘制出具有设计感的手绘。

step1 根据透视关系绘制产品的基本轮廓，注意本案例是采用俯视视角绘制。俯视视角在工业产品设计效果图中的绘制比仰视视角的工业产品设计效果图绘制要多，主要原因是一般工业产品在形体上比较小。

step2 增加面的切分加强产品的透视感，所有的线都具有收缩感。因此这种视角下的三点透视工业产品设计线稿比较有张力，也符合正常的审美习惯。

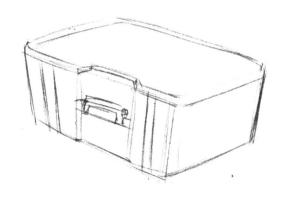

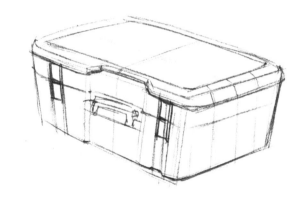

step3 在确定铅笔绘制的轮廓与细节后，可以用针管笔在擦拭干净后有痕迹的纸上描摹绘制，这样可以得到上色前的线稿图。

step4 完善细节，得到三点透视下的工业产品设计线稿图。

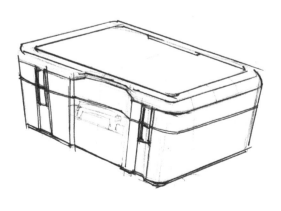

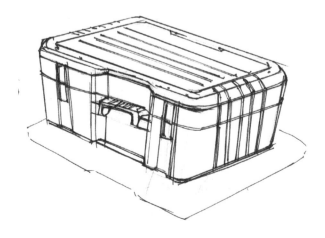

卷尺三点透视绘制

step1 在合适的俯视视角下，先绘制卷尺的基本简化形体。

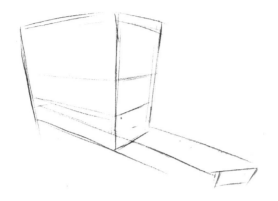

step2 通过切割形体，形成卷尺的大致体征。如果有较好的手绘功底可以徒手进行，一般情况下最好还是借助辅助线来完成。

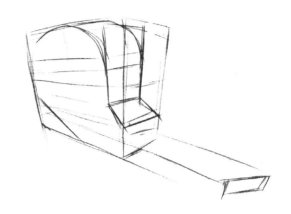

step3 擦掉一些不需要的辅助线，然后用黑色彩铅重新绘制，同时注意对卷尺的边角进行修剪及卷尺圆角的绘制。

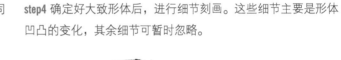
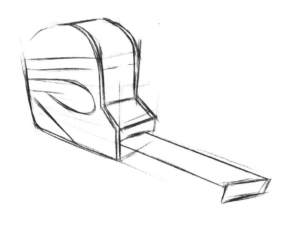

step4 确定好大致形体后，进行细节刻画。这些细节主要是形体凹凸的变化，其余细节可暂时忽略。

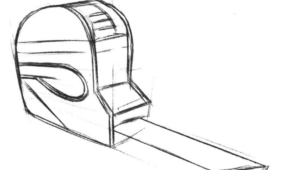

step5 将细节补充完整，形成具有俯视视角的三点透视工业设计线稿图。这种线稿图相比上面的一点透视、两点透视图更加具有画面感，相比较之下，更适合最终上色的效果图。

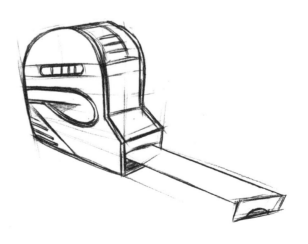

洗衣机三点透视绘制

step1 在工业产品手绘中，洗衣机、电磁炉、微波炉等产品都是非常适合用俯视视角进行表现的，特别是洗衣机刚好在顶上呈现最大化的产品特征。

step2 在基本型上进行线条切割，分出几个大模块，为后期产品细节化奠定基础。

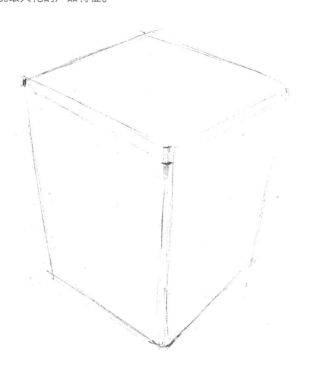

step3 在三点透视关系下，使用针管笔绘制细节，从而得到相对准确的线稿图。

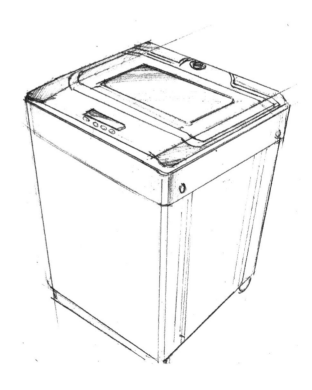

3.3.4 透视练习作品赏析

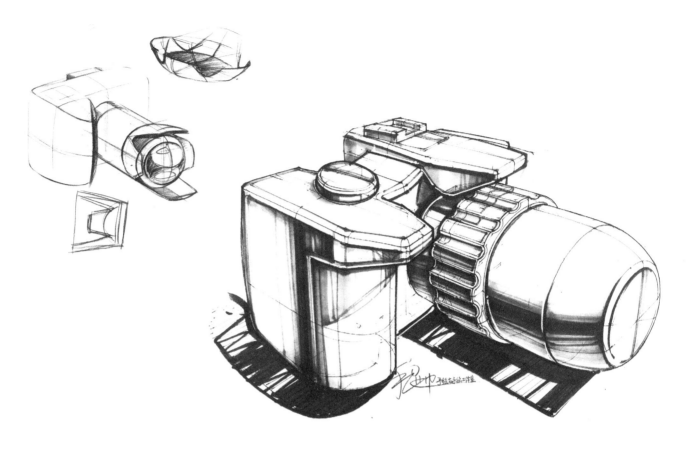

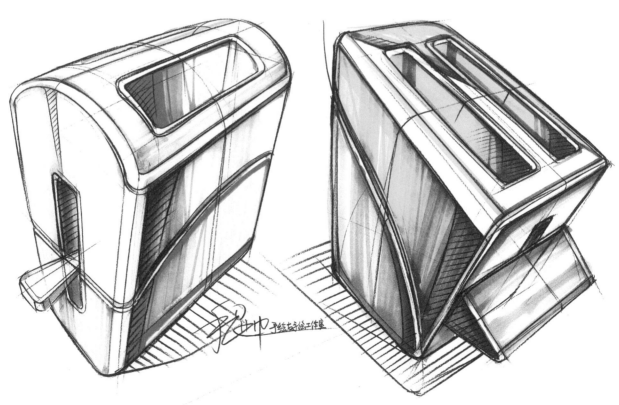

04

INDUSTRIAL

product design 工业产品设计手绘基础练习

4.1 线条的快速表现

　　线条是任何工业设计手绘的基础，需要设计师长年累月的提炼与运用，以快速地表达设计创新思维。线条是工业产品设计手绘的基础也是最核心的部分，线条好比语言文字，是任何精彩文章书写时的字码，好的线条并不是单一僵化的机械联系，而是在理性的空间想象力基础上对形体科学的分析与表达，只有这样，我们才能在理解原理的基础上将线条合理安排绘画好，毕竟对于工业设计而言，设计思考是非常重要的，缺乏这一核心的部分，我们只能停留于临摹表达，而失去创新工业设计的能力。

　　很多设计师会感叹国外设计草图的炫酷，其实关键因素就在于流畅线条的运用，流畅的线条即是这些天马行空设计师空间想象能力、材质表达能力及造型能力的体现。

　　线条有自己的生命力，有长短、粗细、曲直。线条是饱含感情的载体，将设计师的情感载入工业产品设计中，可以说工业设计手绘中的线条是伴随设计师一生起伏的图案。

4.1.1 线条的重要性

　　单色线稿无论在工业设计还是其他设计领域都是至关重要的。单色线稿同时也是任何效果图绘制的基础，单色线稿绘制的好坏与后续的效果图上色息息相关。

　　在绘制单色线稿时可以用铅笔、自动笔、水笔、针管笔，很少直接用马克笔、蜡笔或色粉等上色工具进行线稿表现。这里我们将三维软件建模的基本概念与手绘做一个融合，从而获得与纯美术有一定区别的效果图绘制方法。

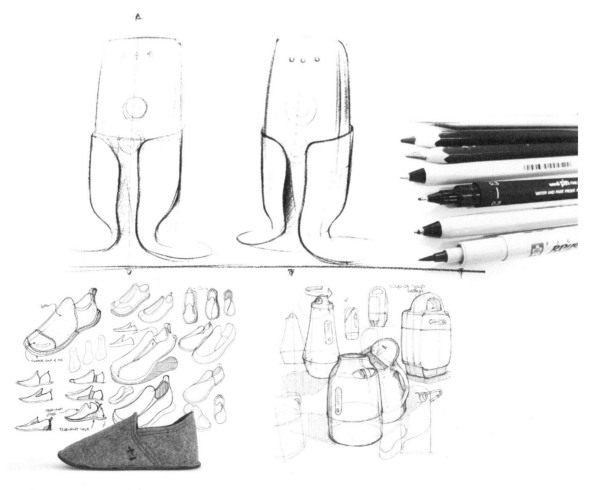

很多初学者在绘制线稿时会出现笔触较为孱弱、扭曲、短促等问题，缺乏线条的准确性，绘制的线条不自信。

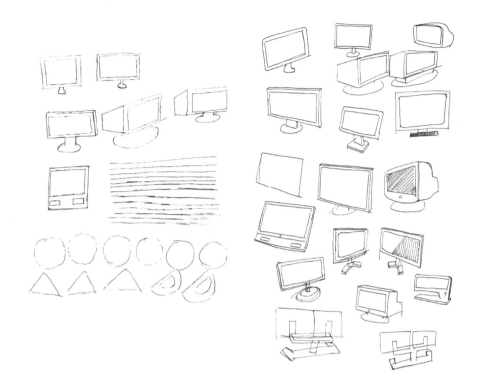

线条的好坏并不完全是评价一个设计师能力的标准，但反过来一个非常优秀的设计师的手绘能力肯定是非常出众的。单线稿线条的优质表达方式应该是流畅的线条，不错的空间位置安排等。

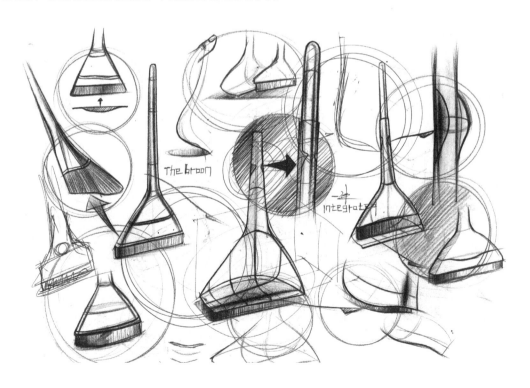

4.1.2 直线的绘制技巧

直线是手绘中最常用的线条。直线是一种机械性的线条，初学者在绘制直线时，容易出现"短""拙"等问题，起步的时候笔偏重，有顿挫的感觉，这种方式绘制的直线不容易接线，线条与线条也不容易混结。要想得到成功率高的直线，必然也要借助机械的力量，而不能仅仅凭直观的感受。

绘制直线的正确方法是：将手当作一把"钳子"夹住笔，肘和手腕同步水平移动以带动笔尖在纸面上做直线运动，从而得到成功率较高的直线，这种直线一般是两边有渐收的笔触。采用这种方式可以绘制出流畅且较长的直线。

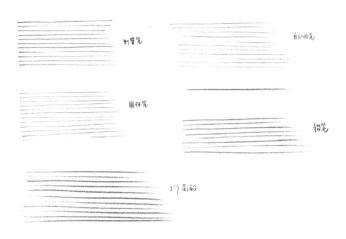

绘制直线的锻炼方式有很多，可以先从水平直线画起，找到绘制直线的感觉，养成良好的绘制习惯，然后可以进行不同角度的直线绘制练习，以三棱锥或正方体的方式来锻炼，强化绘制直线的感觉。

在进行直线绘制练习时还可以结合透视协同锻炼，提升画直线的感觉，这样也可以在画面中逐步找到立体的空间感。

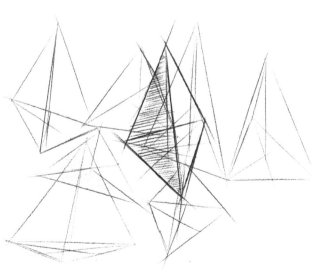
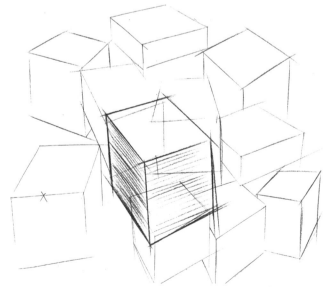

在产品设计过程中直线的运用非常广泛，如钣金类的柜体、箱体、设备类产品、机械类产品都需要用直线绘制，直线也是构成面的重要表达方式。在日常生活中要多观察直线，了解直线的设计表达方式，从而掌握直线的精确画法。

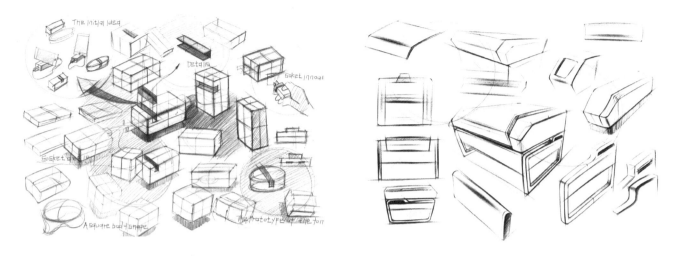

4.1.3 曲线的绘制技巧

曲线是工业产品设计中普遍使用的形态元素，曲线是形成曲面并控制曲面最终形成体的唯一方式，因此曲线可以说是工业产品形体语义最重要表达方式，在工业设计中是人机工程学的重要表征。曲线的种类非常多，有弧线、抛物线、随机曲线等。

弧线

圆弧是圆上任意两点间的部分，也简称弧，大于半圆的弧被称为优弧，小于半圆的弧被称为劣弧，半圆既不是优弧，也不是劣弧，因此弧线是有圆心的，在绘画的时候，圆弧相比其他几种曲线则更规整、对称。

在绘制弧线时，较为扁平的弧线是以肘为基本圆心点并结合肩的配合运动完成的绘画方式，绘画出来的线可以在某种程度上得到较好的延长。短簇且幅度较大的圆弧则由以手腕为基本圆心点结合肘进行联动的方式绘画。

下面看下弧线的练习方式，以一个弧面的体来做切割体验弧线在画面中的空间感觉。

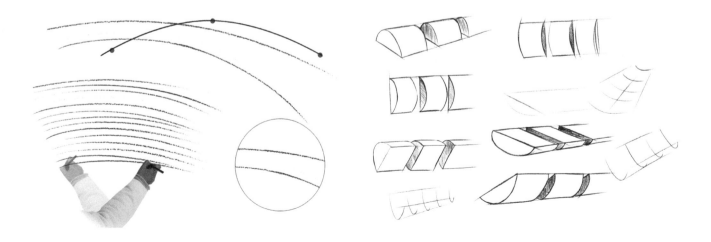

随机性曲线

随机性曲线是工业设计里运用最多的线条，随机性曲线可以由3个点或3个以上的点控制构成，也可以由弧线或抛物线与不同曲率的弧线或抛物线衔接而形成，常用的训练方法有3点曲线练习与4点曲线练习。在纸面上定出3个点或3个以上的点，试着移动手臂以带动笔尖通过各个节点，确定笔尖基本通过节点后，保持住手臂的"运动轨迹"一气呵成将笔尖迅速接触纸面完成线条绘制。

很多随机性曲线的修缮往往是一条或多条以上的，对两个不衔接的曲线进行平滑过渡或类似三维软件建模里的导圆角来实现。这种方式在绘画中最常用，毕竟无论在临摹还是创作思考过程中需要的是对形体的把握与思考，线条的修缮则成为绘制过程中必不可少的过程。

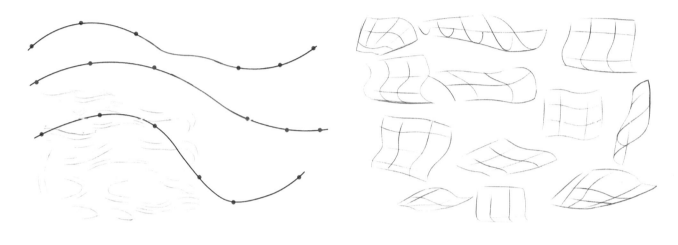

通过对随机性曲线的认识与运用，可以自然地获得不同曲率衔接的长曲线，这些曲线的配合排布可以让初学者快速上手，能够较好地控制曲线绘画工业产品。

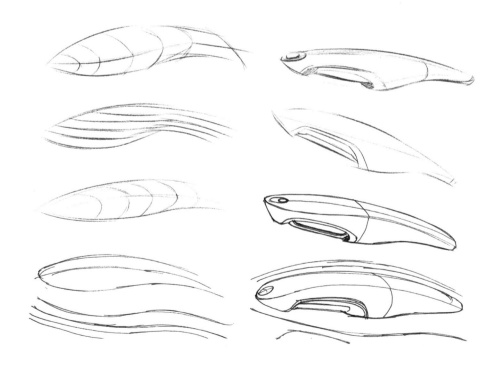

无序或有序的随机曲线经过合理的排布可以增加产品的动感，如人体肌肉、运动鞋、运动型汽车的轮廓等，这类曲线用得非常多。所以如果设计师想设计型面复杂又简约统一的造型，必须对这类曲线的空间表达加以研究，方能得到类似诸如汽车"腰线"的简约极致，却蕴含丰富设计感的线条感觉。

在实际的工业产品设计过程中，尤其是一些仿生的工业设计造型中，曲线的轮廓线需要加以提炼，各类曲率的弧线通过不同圆角的衔接及与曲率相切演示的附加部件设计，既整体统一又有节奏细节的变化，从而让产品充满动感和生命力。

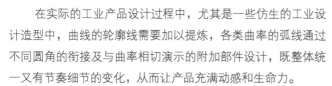

抛物线

抛物线自身多为3点曲线且呈对称状态，而在空间中往往因透视变化呈现出非对称状态，在绘图时要注意其透视变化规律。抛物线的训练方法与随机性曲线相同，在纸面上定出抛物线的3个节点，移动手臂并确定笔尖通过各个节点后将笔尖迅速接触纸面完成线条绘制。训练时可先绘制对称抛物线，再过渡到抛物线组合与抛物线透视练习。

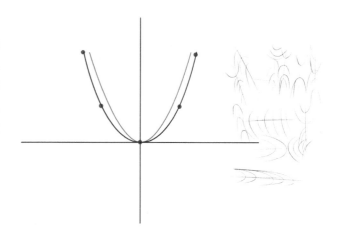

接下来进行抛物线的绘制训练，在规整的弧面里画出弧面的"骨架"，达到对抛物线的认识与理解。

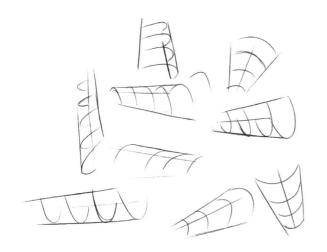 

随机性曲线与抛物线组合训练

在进行抛物线训练时，也可与随机性曲线结合起来进行简单的空间练习，以不断提高对线条的控制能力和透视感受。

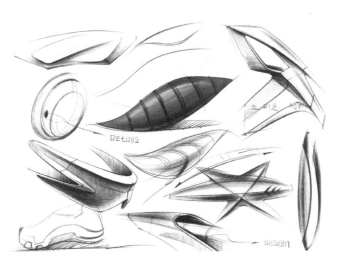 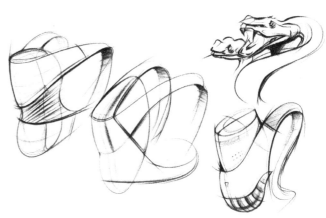

4.1.4 圆与椭圆的绘制技巧

　　圆与椭圆实质是曲线的特殊状态，但相对于随机性曲线与抛物线，圆与椭圆更具有规律性，绘制的难度也更大，需要大量的练习才能熟练掌握。绘制时也需要整体移动手臂以带动笔尖在纸面上做圆形或椭圆形运动，确定笔尖运动轨迹满足要求后，保持肌肉记忆，再将笔尖迅速接触纸面完成绘制。

　　圆是一种几何图形。当一条线段绕着它的一个端点在平面内旋转一周时，它的另一个端点的轨迹叫作圆。根据定义，通常用圆规来画圆。圆的半径长度永远相同，圆有无数条半径和无数条直径。圆是轴对称、中心对称图形。对称轴是直径所在的直线。

　　同时，圆又是"正无限多边形"，而"无限"只是一个概念。当多边形的边数越多时，其形状、周长、面积就都越接近于圆（这也是为什么人们所谓的圆只是正多边形）。所以，世界上没有真正的圆，圆实际上只是概念性的图形。

　　圆形在工业设计中十分常用，小到按钮、旋钮、散热孔，大到类似轮毂类的圆形产品。圆形是最简洁的形体，温润稳定，亲和力也较强。

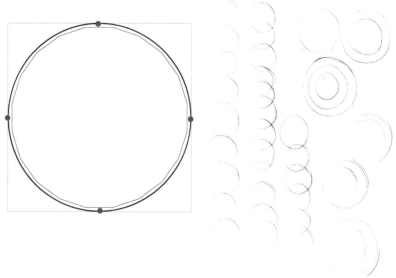

　　在练习圆形时，注重肩、肘同步，手腕不动，在绘画前可以反复模拟圆形轮廓，下笔时需要一气呵成，切忌类似写字的方式断断续续画完圆的轮廓，这样不利于形成流畅的笔触，练习的过程中可以将圆形从左到右、从上到下、从外到内或从内到外地绘画反复练习，画圆形是非常考验设计师的手绘能力。

椭圆有两个轴心称为椭圆的两个焦点。椭圆是圆锥曲线的一种，即圆锥与平面截出的线，椭圆可以理解为"达·芬奇的蛋"，之所以可以这样理解，椭圆的属性相比圆形来说多得多。变化的形式多样，椭圆与椭圆的结合可以产生丰富的形态变化，因此在设计过程中，椭圆也十分常用。而在绘画中，圆的透视存在即椭圆。

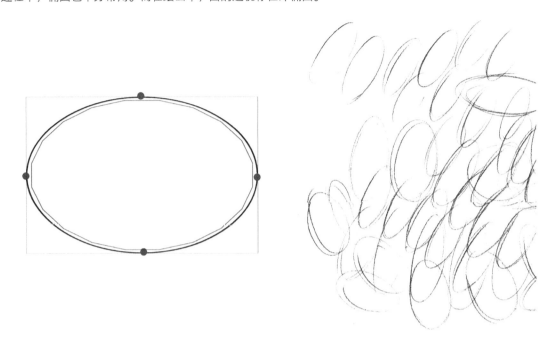

椭圆通常在两种情况下出现：一是形态本身为椭圆，二是圆在两点透视或三点透视状态下形成的透视变形。椭圆的绘制技巧与圆的绘制技巧相同，但相对于圆，在绘制时应更注意其透视变化关系。

可以用上述的方式反复练习椭圆，各个角度，各种组合，在活络手感的同时已经逐步强化了流畅椭圆的绘画方式；常用的训练方法有定切线和定路径，用这种方式可以确定椭圆的基本透视，可以理解和掌握椭圆的各种绘画方式。

4.1.5 学习总结

在本节学习了线条的本质、分类、轻重处理原则及绘制技巧。线条是进行透视关系表达、形态分析与阐释的主要手段，理解并掌握本节的知识点，能帮助同学们更清晰地认知工业产品设计手绘的本质，并建立起扎实的手绘基本功，从而为后续章节知识的学习和综合运用奠定扎实的基础。

┌─ **课后作业** ─────────────────────────────────
以直线为主要手段绘画身边的工业产品，如机箱、显示器等，并在绘制的过程中加入一点透视和两点透视进行练习，练习直线的绘制。

以曲线为主要手段绘画身边的工业产品，如鼠标、路由器、创意类电子产品，也在绘制过程中加入一点透视和两点透视进行练习，锻炼空间的曲线及曲线与物体之间的相关关系。

以圆、椭圆为主要手段绘画身边的工业产品，如轮毂、瓶子、耳机等产品，在这个过程中加入透视手法，锻炼各个空间里的圆及椭圆的各种透视绘画。

以直线、曲线、圆、椭圆为载体综合练习工业产品，绘制空调、打印机、点钞机等工业产品，并在绘画的过程中加入各种透视绘画方式，强化各类线条的综合表现。
└───

4.2 结构素描产品的练习

4.2.1 不同类型线条的认识与作用

在手绘过程中，不同长短、粗细、曲率的线条能够表达不同物体的外在及设计师的情绪。线条的好坏直接反映了设计师的手绘表现能力。初学者最难控制的是绘制线条时的方向、长短、角度等问题，要解决这些问题需要通过长期反复的练习，才能提高对手绘中线条的认识。

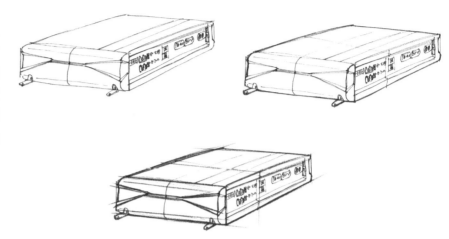

线条通过属性表达物体，通过主次、亲疏的画面安排完成手绘从二维到三维的转变过程，准确传递设计师所想要表达的设计意图。一般来说，外轮廓线最粗，主要部分轮廓与各个模块的分界线次之，其他线较细；辅助线亦可以次之或等同。

粗线条在绘画时除了简单的加重外，还有另外一层含义，表达有一定厚度的面、有一定圆角的转折面、分型线等。

为了能更好地表达设计意图，下面对工业产品设计手绘中的不同线条进行分类讲解。

轮廓线

轮廓线又叫"外部线条"，是产品构图中个体、群体或景物的外边缘界线，是一个对象与另一个对象之间、对象与背景之间的分界线，用于体现物体前后存在的空间感，是产品给予外界的整体印象，也是在做工业设计造型时所谓的"大型"；它们通过各自不同的形态实现产品间外形上较大的差异化，由此可见，想要做出有个性、有差异化的产品设计，轮廓首当其冲。

轮廓线是产品识别最重要的因素，所以必须非常清楚外轮廓的要点，好的外轮廓线就如同"父亲的背影"，可以给人很深刻的印象。

仿生物形态的设计是在对自然生物体，包括动物、植物、微生物、人类等所具有的典型外部形态的认知基础上，寻求对产品形态的突破与创新。仿生物形态的设计是仿生设计的主要内容，强调对生物外部形态美感特征与人类审美需求的表现。仿生设计里对于轮廓的考究及提炼是成功设计的基础，这种熟悉的轮廓可以直接拉近产品与用户的距离，所以平时应该对轮廓多加体会揣摩。

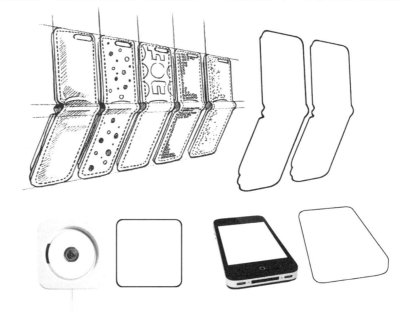

分型线

分型线是指产品各组件之间的分界线，分型线对应的是分型面。分型面是为了将已成型的塑件从模具型内取出或为了满足安放嵌件及排气等成型的需要，根据塑料件的结构，将直接成型塑件的一部分模具分成若干部分的接触面。分型面分为水平分型面、垂直分型面和复合分型面；因此分型线就是分型面之间相互关系的接触线。它阐述的内容是产品究竟由哪几个组件组成。

分型线的产生不是生硬的结合，而是在造型运用中根据实际产品的内部功能排布及合理制造成本估算后的最佳结果。无论是观察优秀的工业产品设计还是自己动手设计产品造型，都需要对产品的内部结构比较了解，对外包的塑料件或钣金件等有非常好的认知后，才能对目标设计物做出准确的判断，并最终体现在产品的外观造型开发上。

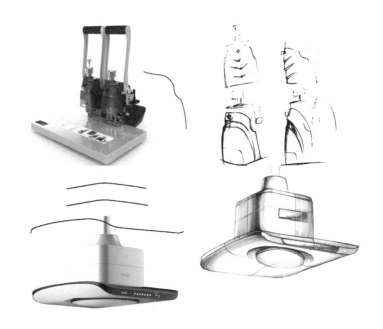

结构线

结构线是指各组件自身因形体发生转折变化而产生的形体分界线。结构线保留了结构素描的基本特征，但线条简约修长，只用几条结构线就能够支撑起一个物体。当你不断削减物体上表现明暗的线条和调子之后剩下的就是结构线，它阐述的是各组件自身的具体形态。

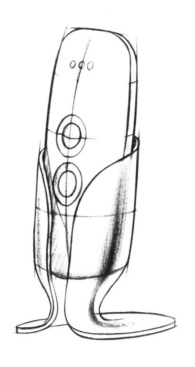
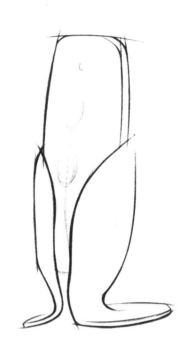

剖面线

剖面线是进行产品形体表达的辅助性线条，它是零件的剖切面在图纸上的表现形式，其实是不存在的线。如果部件是同一个零件，其剖面线画法应一致。但有时在剖面再做局部剖切的时候，可能要画成不同倾斜角度或间距的剖面线，这样做是为了看清结构，用于补充说明产品形态的变化关系。

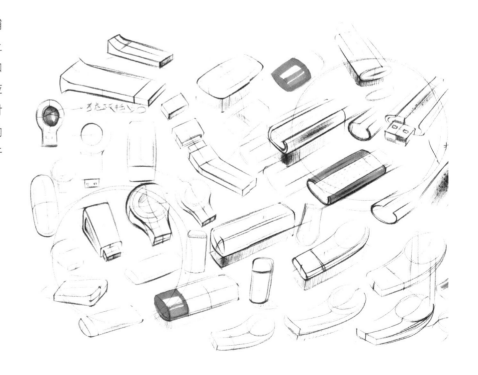

4.2.2 结构素描单线稿快速表现

这里所讲的单线稿快速表现主要指用圆珠笔、钢笔或铅笔所绘制的工业产品设计效果图，不涉及到上色，主要通过线条的提炼与加深来体现产品的造型、轮廓及体量等。

系列造型的单线稿绘画，主要考量绘画者的综合设计绘画感觉，依据现有的产品形象进行画面的二次构图，将工业产品进行线稿表现，主要突出轮廓及面的变化特征，并能从画面上清晰地看到轮廓线、分型线、剖面线等。

在结构素描的绘制过程中，与其对应的是产品爆炸图的绘制，熟悉爆炸图会让我们对工业产品有更深入的了解。在绘制爆炸图的时候可以依据水平、或垂直、或扇形的方式进行绘画。

4.2.3 练习题

练习题一：以创意类的简洁的电子产品为例进行工业设计单线稿手绘。

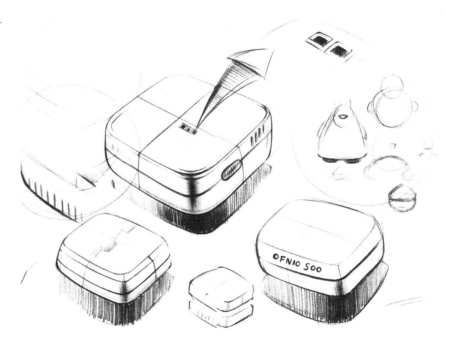

练习题二： 以飞利浦剃须刀类产品为例进行工业设计单线稿手绘。

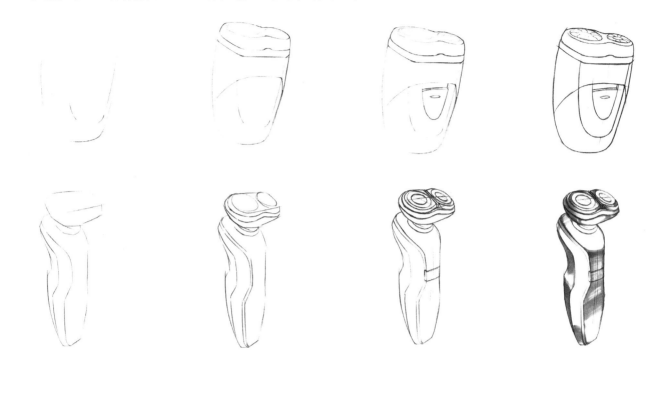

练习题三： 以电饭煲类产品为例进行工业设计单线稿手绘。

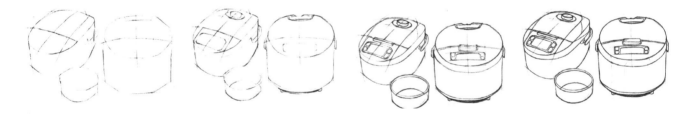

练习题四： 以相对复杂的曲面的工业产品为例进行工业设计单线稿手绘。

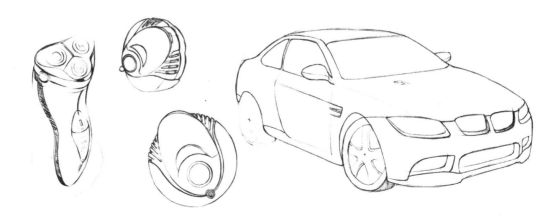

4.3 光影与明暗的表现

光影是光线与影子，光线是表示光传播方向的直线，光线是一种几何的抽象概念，在实际当中不可能得到一条光线。口语中光线亦可指光源辐射的光；影子则是物体在光线照射下地面或平面形成的阴影，中间有照射、折射、反射等阴影表达。明暗则是阴影的层次表达，与产品在光线下的明暗层次、物体空间感和体积感有关。光源的类型、高度、与物体间的距离以及照射角度都会影响到影子的区域范围和边界轮廓。

在绘画时设定一定的光源，尝试从面到体的光影关系转变，我们可以根据这种方式来锻炼产品在光线照射下的影子大小及位置，这种比较程式化却非常具有实效意义。

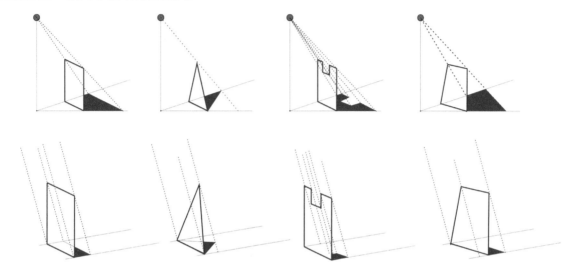

明暗关系主要表现物体的体积感，并使物体融入环境，明暗关系是指在光源的影响下，物体的每一个面的明暗关系，投影指的则是物体投射在平面上的影子。

4.3.1 一点光源和平行光源

光源主要有一点光源和平行光源两种，两种光源照射出物体的影子是不一样的。一点光源一般指单点光源的照射，类似手电筒、台灯等，这种光源照射产生的影子也有类似透视一样的灭点，相比平行光源来说，比较难以想象物体的轮廓；平行光源指大面积的光源或类似太阳的环境光，一般在这种情况下，平行光源产生的投影与白天常见的影子接近，平行光源更接近现实。

无论是一点光源还是平行光源，都是需要测绘计算的。右图是以一点光源和平行光源对物体照射产生的投影，可以明确看到两种投影的区别。

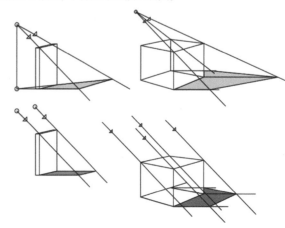

一点光源

平行光源

下图是一点光源与两点透视里的立方体的投影关系比较。　　　　下图是平行光源与两点透视里的立方体的投影关系比较。

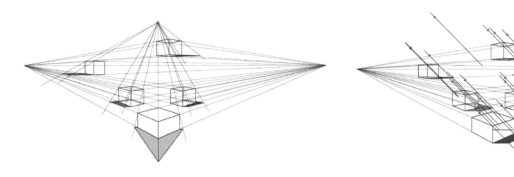

根据一点光源或平行光源投影的不同方式，我们以简洁变形的几何体来做光源投射练习。首先画好基本轮廓，设定好光源的角度和高度，然后通过辅助线来强化光源投射的练习，达到较为熟练的程度。

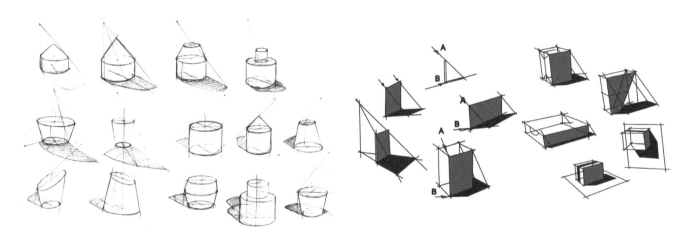

在绘制设计表现图时，为了便于程式化表现，通常会选择平行光源，即假设光源从物体的左上角45°或右上角45°投射在产品上，使其具有一定的明暗关系。一般来说物体表面受光最充足、反射最强、亮度最高的部位是高光部分，它通常表现为一个点、一条细线或一个小面；而光线照不到的部位是背光部分，暗面在受到地面及周围环境光的反射时还会形成一定的反光面。在表现物体光影效果时，不必苛求体现所有的明暗变化，只要能够将物体的空间感和质感真实地表现出来就可以了。

4.3.2 光影投射

　　光影投射的计算不仅仅在于物体在光源情况下底面的投影，同时深刻影响自身的光影及材质的表达。除此之外还有一个影响形体材质及光影表达的因素就是反射。

　　一般来说，光照射到物体表面上都会发生反射，根据反射面的平滑程度不同可以将反射分为两种类型：镜面反射与漫反射。正是因为有漫反射，我们才能从不同方向看到不发光的物体，无论是镜面反射还是漫反射，都是在工业产品设计绘制中产品材质及光影表达非常重要的一个环节。通过对反射的探讨，我们后面会顺利过渡到材质小节的讲解。

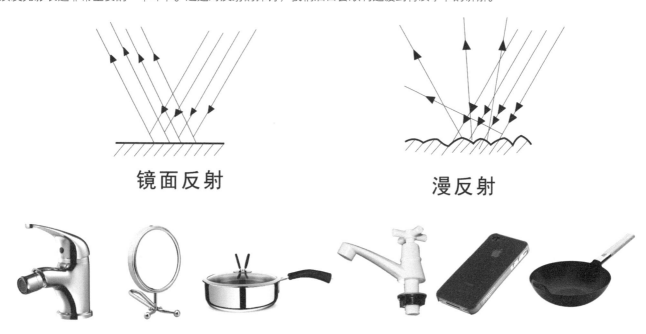

　　光有强弱、远近及角度，物体本身有本色、质感、肌理与环境，物体在光的照射下有亮面、灰面及暗面，我们常说的色调有：高光、灰面、暗面、反光与投影。下图是立方体与球体的基本光影关系对比。

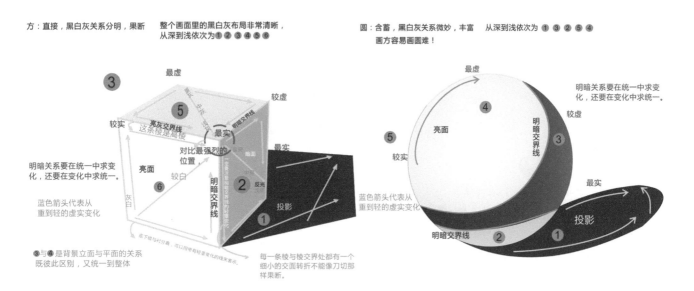

4.3.3 光影练习

下面的练习主要以马克笔作为绘画工具体现明暗。下面的这些形体是常用的基本形体，所以一定要熟练掌握。

绘制好明暗后，可以一起将阴影部分画出来，或者在未上色前就将轮廓及阴影画好。

对于稍微复杂一些的形体在完成明暗关系表现后，可以添加剖面线等辅助线条，强化面的走向。

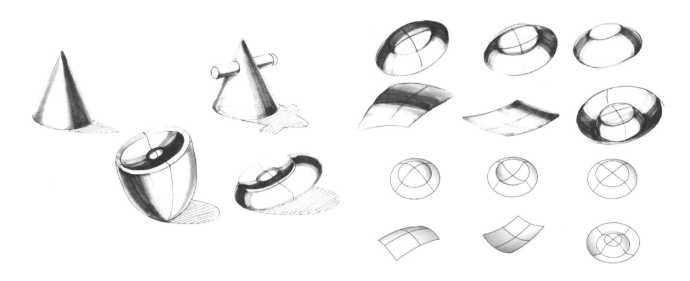

根据反射的原理接下来用空间里的各个视角平面体验及对比镜面反射与漫反射的区别。主要借助模拟光源环境做各类对比,以此初步掌握明暗的基本原理及反射之间的基本关系。

上述的是平面里的各种反射,下面尝试空间曲面里的反射效果体验与练习。

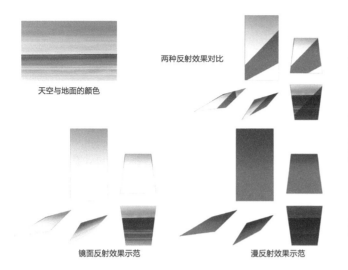

两种反射效果对比

天空与地面的颜色

镜面反射效果示范

漫反射效果示范

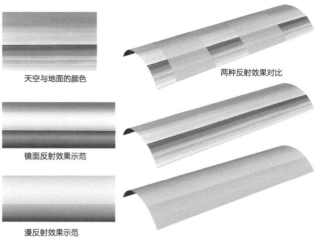

天空与地面的颜色

镜面反射效果示范

漫反射效果示范

两种反射效果对比

接下来再尝试其他各类几何体的投射关系,主要以镜面反射作为主要对象体验环境中的反射效果。

在工业产品设计绘画中首先得考虑物体大的光影关系,通过绘制确定基本的光影与明暗,然后绘制细节,细节可以对产品效果产生巨大的提升,细节中的光影是对整体的补充与说明。产品细节中的光影关系非常重要,细节的力量就是画龙点睛的力量。

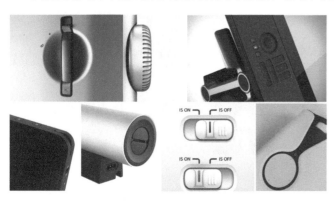

4.4 产品材质表现

材质可以看成是材料和质感的结合，简单地说就是物体看起来是什么质地。在渲染中，它是表面各个可视属性的结合。这些可视属性是指表面的色彩、纹理、光滑度、透明度、反射率、折射率、发光度等。

材质是产品设计中非常重要的内容，更侧重色彩和纹理的表现。

4.4.1 金属材质

金属材质是工业设计中非常重要的一种材质表达，金属是一种具有光泽（即对可见光强烈反射）、富有延展性、容易导电、导热等性质的物质。

以镜面反射为主的金属材质表达，主要体现精确的、光洁的表面，因而呈现的是高贵、简洁、精致的设计感。在具体应用的时候要么是锃亮的不锈钢表面，要么就是金属镀铬的表面处理工艺，这种金属质感主要应用于卫浴、餐具、耳机及作为汽车的一些装饰件等工业产品上。

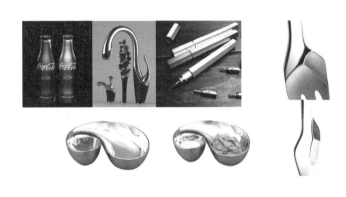
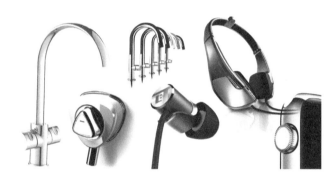

带有漫反射（亚光磨砂）或具有拉丝质感的金属（金属喷砂或钢丝粗砂纸打磨），则没有镜面反射效果的金属那么炫目张扬，更多的是偏向精致、内敛、厚实等质感。它们看上去更有手工感觉的味道，常用于把手、灯具、耳机设计等。亚光的漫反射金属材质相比镜面质感的金属材质，看上去更加稳重可靠，另外，亚光的金属看上去没有那么容易弄脏。

在实际的工业产品设计手绘效果表现中，金属材质上色后会呈现丰富的光线变化。

金属杯绘制

step1 选定绘制产品的轮廓，并初步描绘产品的暗部阴影。

step2 强化光影转折面及底部的阴影。

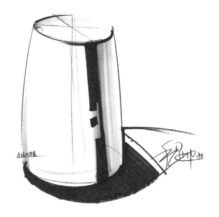

step3 用蓝色马克笔或色粉上色，主要呈现天空的反射效果。

step4 绘制好天空反射的光影，并加强产品的明暗关系表现。

step5 用高光笔或白色水粉提亮高光，让产品看上去更加有神。

金属锅绘制

step1 绘制金属产品外观轮廓。

step2 修缮轮廓，让金属产品轮廓逐步清晰。

step3 准确绘制轮廓，加粗外轮廓，为后面上色做好准备。

step4 初步上色，重点在于锅盖与把手的基本光影关系表现。

step5 基本完成金属锅的明暗关系。

step6 用黑色马克笔压一下暗部，让层次更加分明，同时让产品的效果图更加硬朗明确。

多功能金属工具绘制

step1 用黑色彩铅画出产品的轮廓线。

step2 丰富、完善产品基本造型，为后续添加细节做准备。

step3 丰富产品细节，为上色做准备。

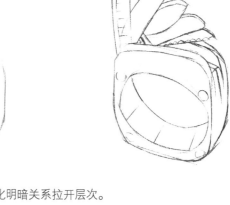

step4 初步上色区分明暗关系。

step5 强化明暗关系拉开层次。

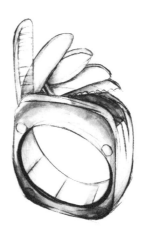

step6 完善明暗关系，基本上得到金属质感强烈的产品效果图。

step7 点缀一些其他色彩，让效果图看上去更加动人。

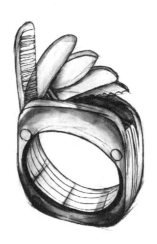
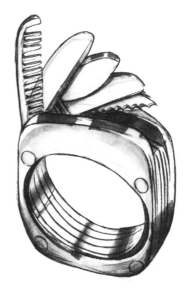

金属容器绘制

step1 根据透视关系画出产品的基本轮廓，并简单表现出结构的转折关系。

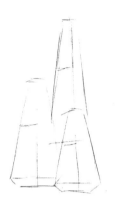

step2 细化产品线稿，明确各部分的结构，并适当地表现出明暗交界线便于上色。

step3 根据线稿简单地画出明暗关系，注意颜色的深浅变化。

step4 用深色马克笔在产品暗部和光影转折处加深，形成强对比，体现出金属的特点。

step5 绘制容器内部的金属色，注意颜色的区分，体现出产品的空间感。

step6 调整产品的颜色细节，加强金属的特性。

step7 添加局部背景色，让产品层次感更加清晰，让效果图整体关系更加强烈。

4.4.2 塑料材质

塑料是所有材料里最为多变也是应用最多的材料。塑料是以单体结构，通过加聚或缩聚反应聚合而成的高分子化合物，俗称塑料或树脂。塑料可以自由改变成分及形体样式，例如，可由合成树脂、填料、增塑剂、稳定剂、润滑剂、色料等添加剂组成。

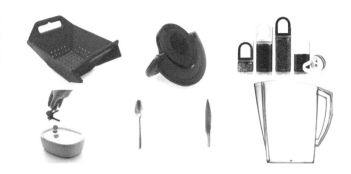

塑料的多变性材料比较。

聚乙烯： 主要用于包装用薄膜、农用薄膜、塑料改性薄膜、管材、注射日用品等多个领域。

聚丙烯： 主要应用于家用电器注射件、改性原料、日用注射产品、管材等，无规聚丙烯主要用于透明制品、高性能产品、高性能管材等。

聚氯乙烯： 由于其成本低廉且产品具有阻燃的特性，故在建筑领域里用途广泛，尤其是下水道管材、塑钢门窗、板材、人造皮革等领域运用最为广泛。

聚苯乙烯： 作为一种透明的原材料，在有透明需求的情况下用途广泛，如汽车灯罩、日用透明件、透明杯、透明罐等。

ABS： 是一种用途广泛的工程塑料，具有杰出的物理机械和热性能，广泛应用于家用电器、面板、面罩、组合件、配件等。尤其是家用电器，如洗衣机、空调、冰箱、电扇等，用量十分庞大，另外在塑料改性方面，用途也很广。

除了上述几种塑料外，还有工程塑料、特种塑料。工程塑料主要是结构稳定，机械性能好、耐高温，工程塑料又分为通用工程塑料及特种工程塑料，特种工程塑料甚至可以代替部分金属使用；特种塑料又分为增强塑料和泡沫塑料。我们常见的亚力克其实也就是一种工程塑料。亚克力塑料也是常用的材料，主要应用于展柜展台设计、门头的亚克力字体设计、相框、平板电视或平板计算机的外框，亚克力也是很多设计大师，如菲利普斯塔克钟爱的一种材料载体。

塑料的主要性能有： 耐化学侵蚀；具有光泽、部分透明或半透明；大部分为绝缘体；质量轻且坚固；加工容易可大量生产；价格便宜；用途广泛、效用多、容易着色、部分耐高温。

塑料主要优点有： 大部分塑料的抗腐蚀能力强，不与酸、碱反应；塑料制造成本低；耐用、防水、质轻；容易被塑制成不同形状；是良好的绝缘体；塑料可以用于制备燃料油和燃料气，这样可以降低原油消耗。

塑料电熨斗绘制

step1 绘制产品基本轮廓，并将轮廓线加粗，为上色做好准备。

step2 绘制产品基本的光影关系。

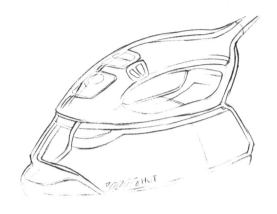

step3 绘制装饰条，让产品看上去更有层次。

step4 绘制亮灯部分，使画面更有亮点。

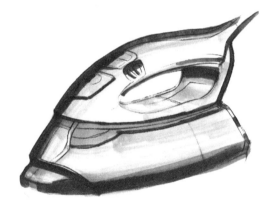

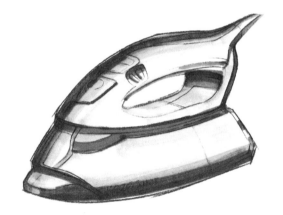

step5 强调画面整体的明暗关系，然后用高光笔提亮边缘线，突出产品的塑料质感。

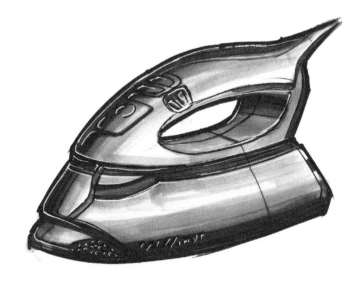

塑料剃须刀绘制

step1 绘制基本的轮廓线，明确产品的造型和结构关系。

step2 根据线稿和产品的形体特征确定明暗关系。

step3 整体加深产品的色调，注意留白，并表现出材质的反光效果。

step4 用彩色马克笔绘制主面，然后用深色马克笔加深局部。

step5 强调画面整体的明暗关系，然后用高光笔提亮边缘线，突出产品的塑料质感。

4.4.3 橡胶与硅胶材质

橡胶分为天然橡胶与合成橡胶两种。天然橡胶是从橡胶树、橡胶草等植物中提取胶质后加工制成；合成橡胶则由各种单体经聚合反应而得。橡胶制品广泛应用于工业或生活各方面。在工业设计中橡胶主要应用于需要增加摩擦力或需要缓冲的地方，如工具手柄、表带、手机套、密封圈等。

硅胶是一种高活性吸附材料，属非晶态物质。不溶于水和任何溶剂，无毒无味，化学性质稳定，除强碱、氢氟酸外不与任何物质发生反应。各种型号的硅胶因其制造方法不同而形成不同的微孔结构。硅胶的化学成分和物理结构，决定了它具有许多其他同类材料难以取代的特点：吸附性能高、热稳定性好、化学性质稳定、有较高的机械强度等。硅胶多应用于儿童类等健康产品设计中，如奶嘴、吸奶器、口罩及需要折叠的收纳产品等。

橡胶与硅胶属于工业设计中的软性材料，色彩相当丰富，属于漫反射材质，因此手绘所表现的是相对均衡、缓和的色彩光影。在这些产品的边缘多是圆润的倒角，不像金属或塑料那样有硬朗的边缘折边。在实际工业产品应用中，往往与塑料结合，通过二次注塑实现类似电动工具手柄上软硬结合的感觉。

橡胶相框绘制

step1 选择好需要绘制的产品，整体布置画面并画出底稿。

step2 根据产品的细节完善产品的线稿绘制，为上色做准备。

step3 初步上色，橡胶类产品的光影关系不那么强烈，因此可以用大面积的彩色马克笔表达，注意在产品上局部留白。

step4 加粗轮廓线，让产品整体更清晰。在彩色马克笔上叠加浅灰色马克笔，就可以表现出明暗变化。

step5 强调画面整体的明暗关系，然后用高光笔提亮边缘线，突出产品的塑料质感。

硅胶钥匙袋绘制

step1 绘制产品的基本关系与初步轮廓。　　**step2** 较为详细地绘制产品轮廓，注意细节的表现。　　**step3** 初步上色，尽量让产品显得鲜艳一些。

stop4 加深轮廓与细节，让产品比较立体。　　　　**step5** 可以根据画面的需要加深色彩，让色彩更加艳丽些。

step6 绘制阴影细节，让整体更加完整。　　　　**step7** 检查画面，调整细节，完成硅胶钥匙袋的绘制。

 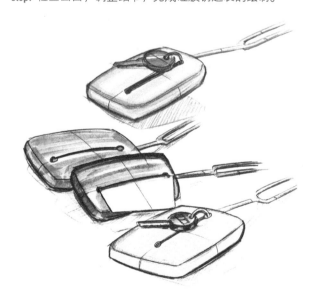

4.4.4 玻璃材质

玻璃有石英玻璃、硅酸盐玻璃、钠钙玻璃、氟化物玻璃、高温玻璃、耐高压玻璃、防紫外线玻璃、防爆玻璃等。玻璃在常温下是一种透明的固体，在熔融时形成连续的网络结构，冷却过程中黏度逐渐增大并硬化。玻璃广泛用于建筑、日用、医疗、化学、电子、仪表等领域。

玻璃在工业设计手绘呈现过程中要表现出镜面反射及透明的双重关系，在手绘的时候最好能搭配其他材质，可以通过对比更加深刻地表现玻璃的质感。在绘制的时候注意玻璃的壁厚及可能存在的一些折射。

玻璃杯绘制

step1 用简单的线条确定出玻璃杯在画面中的基本位置。

step2 完善玻璃杯的轮廓结构表现。

step3 初步上明暗，将产品的空间感画出来。

step4 根据材质的特点和产品的结构画出大致的色彩关系。

step5 绘制玻璃质感，主要体现薄壁，和局部强烈的明暗对比。

step6 用黑色彩铅辅助绘制玻璃制品的光影关系与倒影。

step7 调整画面的细节，使产品整体呈现出玻璃质感的光影关系。这种正视图的玻璃光影是比较容易绘制与掌握的。

玻璃容器绘制

step1 绘制出三点透视下的玻璃容器轮廓,然后根据结构初步上色。

step2 根据材质特点和产品造型局部加深颜色。

step3 继续进行局部加深,特别注意玻璃杯转角处的光影关系。

step4 在前面的基础上加深光影关系,让产品具有一定的厚重感。

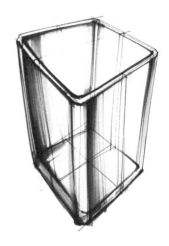

step5 在完成产品的绘制后面添加背景色,以便于更好地衬托产品效果。为了能更好地体现玻璃透明的特性,可以在杯子底部的转角处用高光笔提亮。

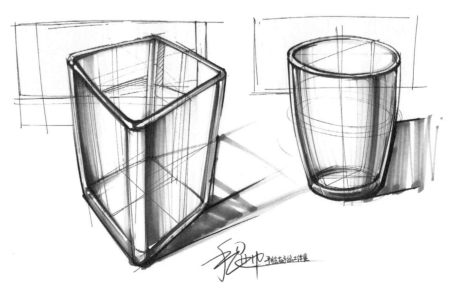

4.4.5 木质

在工业设计中运用最多的一般是实木、刨花板、高密度纤维板、三聚氰胺板、夹板、装饰面板。在工业设计中一般只是借用木质的质感，主要用木质的纹路和肌理呈现产品的档次，因此在绘画时只需要在绘制基本光影的基础上加入木质的纹路即可。

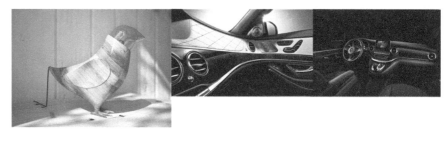

木质平面效果绘制

step1 用尺子绘制一个正方形，然后绘制出木纹纹路，注意纹路要尽量无序且有层次感。

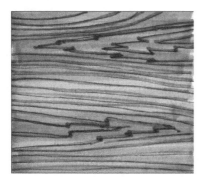

step2 选择暖色调的橙红、橙黄两个近似色的马克笔画出整体的色调。

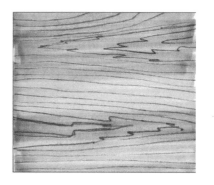
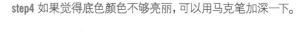

step3 用水笔或针管笔加深纹路，也可以用黑色彩铅描绘，这样的纹路既有色彩的感觉又有彩铅反光后近似地板的木纹效果。

step4 如果觉得底色颜色不够亮丽，可以用马克笔加深一下。

木质立体效果绘制

step1 绘制出基本的长方体轮廓，注意圆角的绘制，然后用浅棕黄色马克笔上色，初步体现光影。

step2 用浅棕黄色马克笔的圆头绘制木纹纹路。

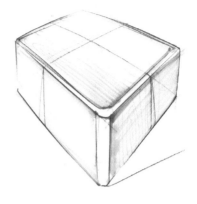

step3 强化纹路描绘与整体明暗上色。

step4 强调画面的明暗关系，注意转折处的表现，让木质质感更加明确。

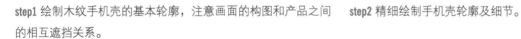

木质手机壳绘制

step1 绘制木纹手机壳的基本轮廓，注意画面的构图和产品之间的相互遮挡关系。

step2 精细绘制手机壳轮廓及细节。

step3 绘制手机壳的纹路，注意纹路的疏密和层次。

step4 初步上明暗，区分各部分的明暗关系。

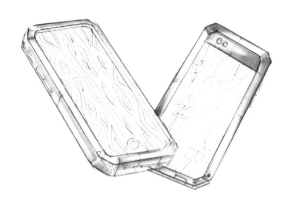

step5 给木纹机理质感背面上色，主要以橙黄色为主，辅以橙红色。

step6 强化边框的金属质感，并加深木纹，让两种材质形成强对比。

step7 在基本绘制完成的效果图上用高光笔提亮细节，让产品更加完整。

4.4.6 陶瓷材质

陶瓷是陶器和瓷器的总称。陶的质地相对松散，颗粒也较粗，烧制温度一般在900~1500℃之间，温度较低，烧成后色泽自然成趣，古朴大方，成为许多艺术家所喜爱的造型表现材料之一。陶的种类很多，常见的有黑陶、白陶、红陶、灰陶和黄陶等。与陶相比，瓷具有质地坚硬、细密、严禁、耐高温、釉色丰富等特点，烧制温度一般在1300℃左右。常有人形容瓷器"声如馨、明如镜、颜如玉、薄如纸"，瓷多给人感觉是高贵华丽，和陶的朴实正好相反。

陶瓷材质其实在工业设计中应用并不广泛，因为陶瓷的成型工艺及烧制过程中出现的误差，使其难以与当下的工业化批量生产联系在一起，而且陶瓷产品易碎，比较难做结构设计，只能以点缀的方式存在于类似陶瓷加湿器的壳体，并不起到关键性的作用；不过在一些高压输电领域，陶瓷因为其本身的性能，可以作为绝缘材料，从而有更多的应用机会。

陶瓷的质感在工业设计中应用广泛，经常可以看到很多产品处理成陶瓷的质感，以光润的瓷的质感居多，成为极具文化特性的表征之一。

陶瓷加湿器绘制

step1 绘制陶瓷加湿器的基本轮廓，并添加较为明显的冰裂纹。

step2 绘制陶瓷加湿器上的其他冰裂纹，然后用水笔将原来明显的冰裂纹加深，拉开层次。

step3 初步上色，将明暗层次拉开，并体现陶瓷的反光区域，突出产品的质感。

step4 细化明暗关系，然后绘制产品的细节及阴影。

TIPS

在产品手绘效果完成后，可以进行扫描，然后用平面软件进行处理，让产品成静物
的摆设样式。

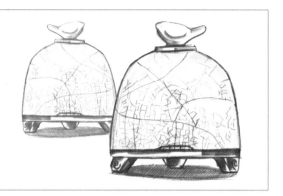

陶瓷椒盐瓶绘制

step1 先绘制产品的基本轮廓，并添加较为明显的冰裂纹和青花图案。　　**step2** 初步上色，将各自的颜色和材质区分开。

step3 将轮廓用黑彩铅加深，突出产品的立体感。

step4 将各自的材质进一步细化，得到相对完整的以瓷为基本质感的小产品效果图。

4.4.7 皮革材质

皮革是经脱毛和鞣制等物理、化学加工所得到的已经变性不易腐烂的动物皮。革是由天然蛋白质纤维在三维空间紧密编织构成的，其表面有一种特殊的粒面层，具有自然的粒纹和光泽，手感舒适。皮革在工业产品设计中应用也十分广泛，如高档的沙发座椅、箱包类产品、手机套、汽车内饰等都经常出现。

皮革在质感表现上与木纹的质感表现比较接近，只是纹路不同。相比较木纹，皮革的纹路主要多了些颗粒凸点，还有就是皮革类产品拼接过程中的缝纫线。皮质在工业设计中的表达主要体现高贵、手感强烈的质感对比及对家庭温馨感觉的追求。

皮质手机外壳绘制

step1 根据产品特点确定画面构图，然后绘制出产品的基本轮廓，注意透视表现。

step2 明确产品的轮廓与细节。

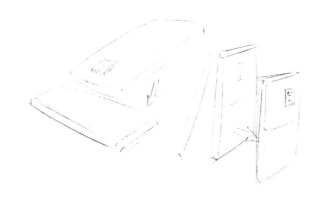

step3 根据产品结构初步表现出大致的明暗关系。

step4 选择适合的颜色进行上色，使产品呈现有差异化的色彩及光影关系，注意彩色部分为皮质部分。

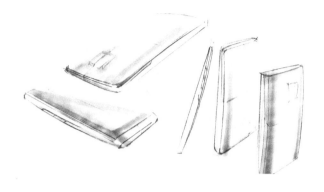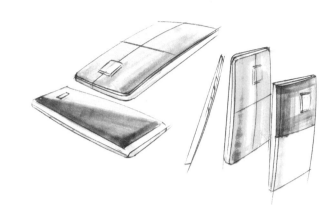

step5 绘制不同质感的机理纹路。

step6 用高光笔、针管笔和马克笔配合细化皮革质感表现。

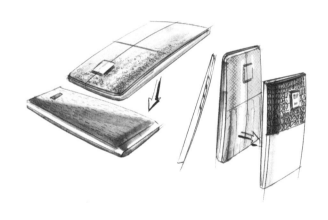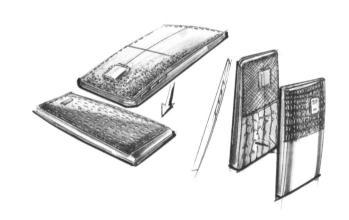

step7 整体检查画面并进行细致的调整，完成产品的绘制。

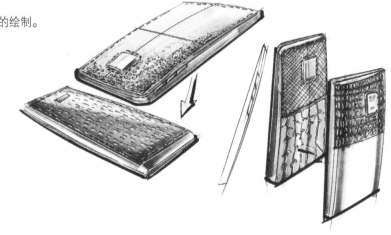

手表的绘制

step1 简单的绘制出手表的轮廓。

step2 初步绘制明暗关系，注意留白。

step3 加深明暗关系，让手表具备基本的质感。

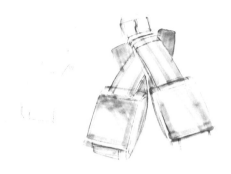

step4 用马克笔进行上色，主要进行色彩的叠加,使产品自然形成有明暗的色彩关系。

step5 细化明暗光影的表达。

step6 用针管笔绘制轮廓，并添加表带上的缝纫线，基本得到有质感的手表。

step7 绘制表带上的纹路细节，主要用针管笔与灰色的马克笔的圆头部分进行配合绘制。

step8 表带部分用高光笔提亮，使纹路清晰，明暗丰富。

step9 整体调整画面，完成硬朗的皮质手表产品表现。

4.4.8 绒布材质

绒布是经过拉绒后表面呈现丰润绒毛状的棉织物，具备立体感强，光泽度高，摸起来柔软厚实等特质。在工业产品设计中常用于玩具、家具、鞋等产品。

绒布沙发绘制

step1 绘制产品的基本轮廓，注意绒布类产品的边缘线不是平滑的。

step2 绘制初步的明暗关系，将两边与中间的明暗层次拉开。

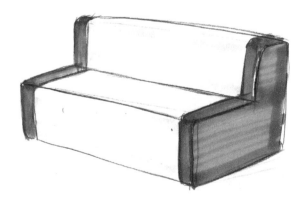

step3 在原有明暗情况下加入色彩，中间用有色彩铅轻轻平涂，形成蜡质质感。

step4 用黑色彩铅加深轮廓，并在侧面打下阴影，提升产品的立体感及体量感。

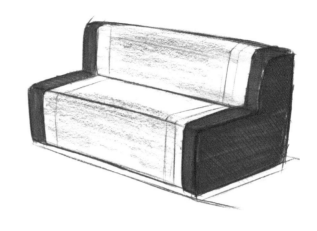

step5 绘制中间的花纹，花纹形式近似棉被上的彩棉呈锯齿状。

step6 在沙发底部打下阴影线，然后用马克笔绘制阴影。

step7 绘制缝纫线，可以不用高光笔提亮，具有绒布材质的效果图绘制完毕。

绒布按摩椅绘制

step1 绘制按摩椅的草图，为后面修型做准备。

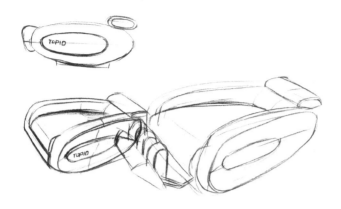

step2 用针管笔修型，并将原有痕迹用橡皮擦擦掉。

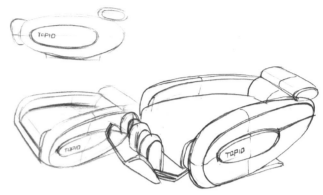

step3 用马克笔上色，注意留白为高光处，方向尽量一致，皮质与绒布的绘制方式近似。

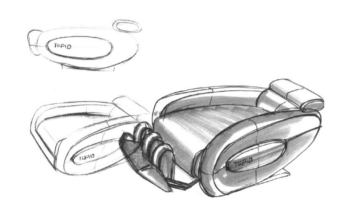

step4 用彩铅覆盖增加质感，然后绘制局部阴影，让产品更有立体感。

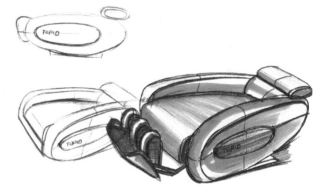

step5 用针管笔绘制缝纫线，可以不用高光笔提亮。

绒布汽车座椅绘制

step1 绘制汽车座椅的基本轮廓。

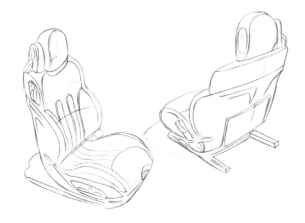

step2 简单的绘制明暗关系，上色部分主要是有绒布覆盖的位置。

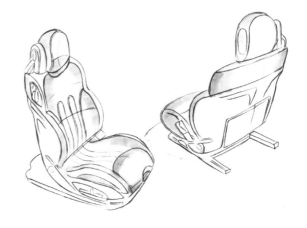

step3 根据大致的明暗关系用马克笔进行上色。

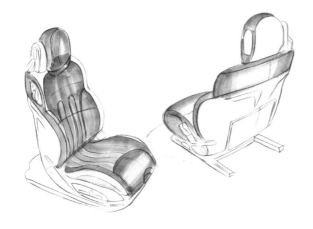

step4 加深暗部，让产品更加立体。

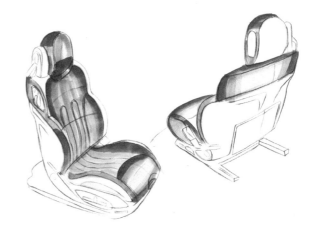

step5 绘制缝纫线与细节，便于更好地体现绒布产品的特征。

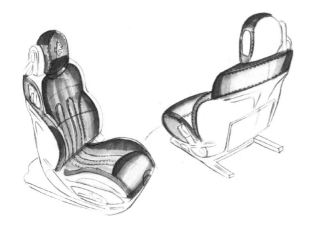

step6 用高光笔提亮画面，并覆盖些彩铅，让画面更加具有质感。

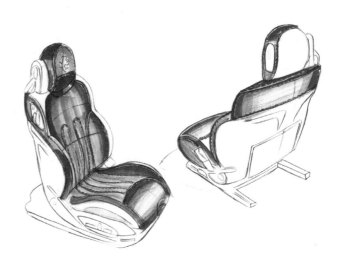

4.4.9 不同材质产品赏析

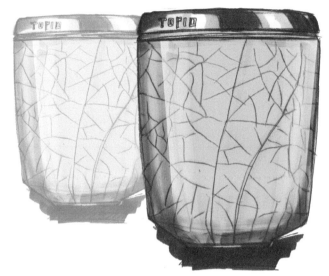

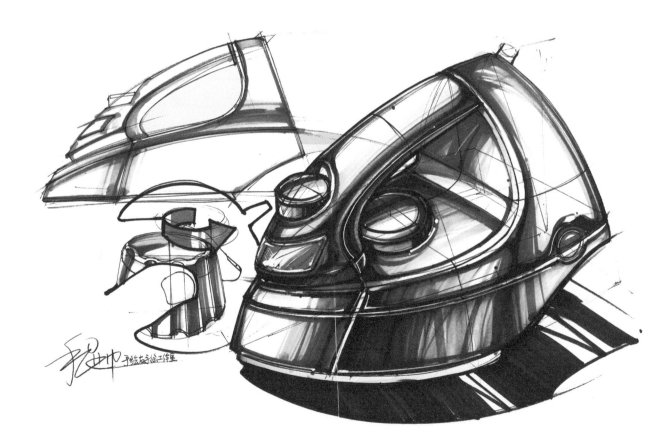

亚光材质

中度反光材质

高度反光材质

INDUSTRIAL

product design 不同工具的运用与效果图表现

5.1 工业产品设计手绘彩铅表现技法

5.1.1 彩铅画法介绍

彩色铅笔最大的优点就是能够像运用普通铅笔一样轻松自如，同时还可以在画面上表现出笔触。需要特别提醒大家的一点就是，一定要购买质量好的彩铅，否则笔尖容易折断，而且如果彩铅的硬度太高，色彩会显得很淡，难以进行深入描绘。

彩铅根据质地不同可以分为水溶性彩铅与蜡质彩铅两种，下图是两种彩铅上色的区别。

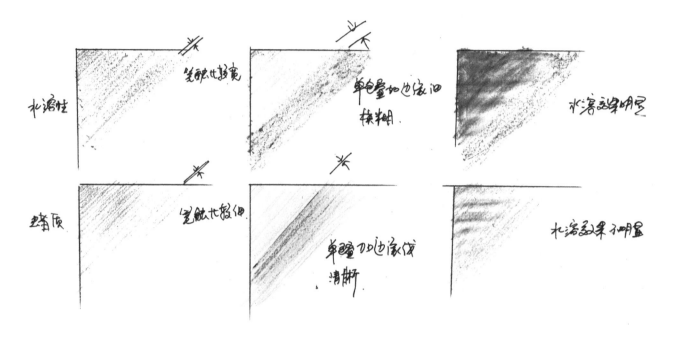

水溶性彩铅具有溶于水的特点，与水混合后具有浸润感，简单点的做法是用餐巾纸浸水进行涂抹，也可以用毛笔及浅色的马克笔进行绘制，涂抹后的有色区域呈现水彩画的特点，也可用手指擦抹出柔和的效果。

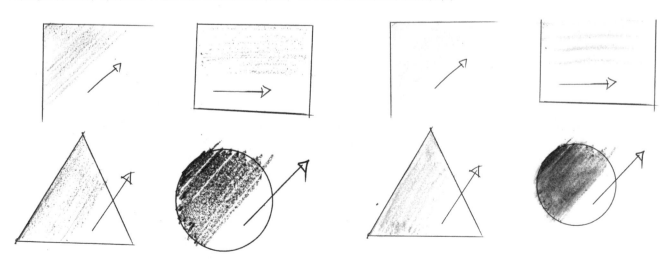

叠彩法： 运用彩色铅笔排列出不同色彩的铅笔线条，色彩可重叠使用，变化较丰富。水溶性彩铅因为笔芯质地柔软，容易"拖泥带水"，绘制的时候容易出现斑点；而蜡质彩铅的笔芯比较坚硬，笔触细腻，容易表达光滑的、光感明显的画面。

水溶性彩铅叠彩试验效果，水溶性彩铅比较软，容易形成斑点。

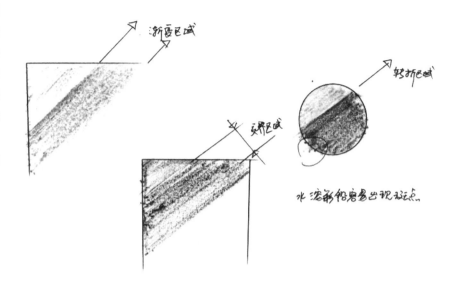

蜡质彩铅叠彩试验效果，蜡质彩铅比较硬，不容易形成斑点，总体上比较光顺。

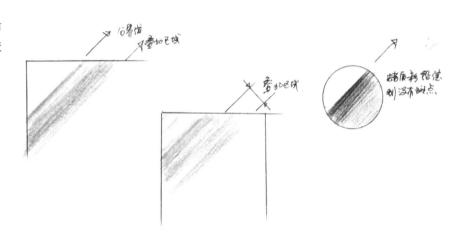

两种不同质地彩铅叠彩对比试验效果，水溶性彩铅的笔触如果不进行水溶，会比蜡质彩铅的笔触粗糙。

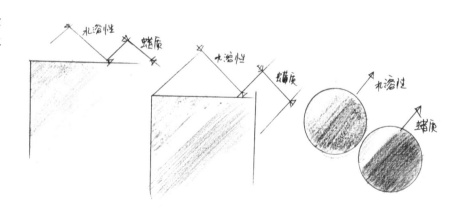

彩色铅笔的主要画法是平涂和排线，彩铅效果的表现可以体现一个人的耐心与细心，彩铅画法看似简单，但想要达到某种效果其实也难，特别要忌心浮气躁，否则绘制的效果图比较粗糙简陋。排线的时候应该注意叠色和混色绘制的变化和区别，着色顺序最好先浅后深，不可急进。

5.1.2 几何体彩铅表现技法

圆柱体彩铅上色练习

不同彩铅及绘制方式在圆柱体上的光影表达。

在绘制好的圆柱体上用叠彩法将周边的光影色彩做一定的反射体现。

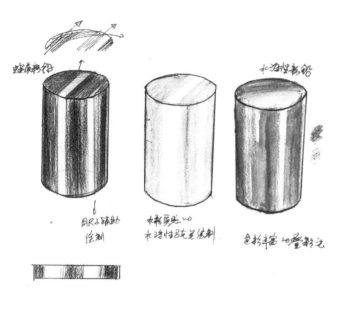

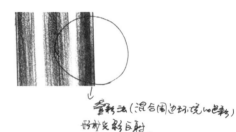

圆锥体彩铅上色练习

上面试验了两种不同质地的彩铅在圆柱体上的表达，后续依据近似方法在圆锥体上进行表达，主要体验线条的聚焦与光影的关系。

step1 用黑色彩铅绘制圆锥轮廓。

step2 用针管笔加深轮廓，然后用不同颜色的彩铅初步上色。

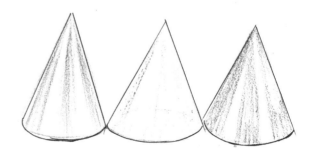

step3 加深暗部，让圆锥更具立体感。

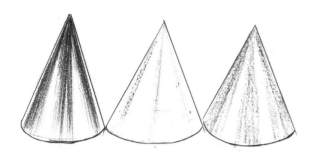

step4 进行水溶润色，并绘制反光区域。

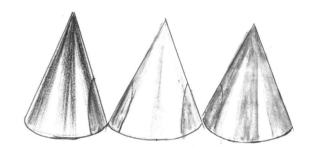

立方体彩铅上色练习

完成了圆柱体与圆锥体的上色练习后，基本上对弧面的上色有了一定的了解，接下来用同样的方式绘制立方体，以便于更好地掌握上色技巧。

step1 绘制3个立方体，这里采用三点透视的方式绘制立方体进行上色练习。

step2 立方体的上色方式与素描的上色方式一样。因为单方面的上色容易看上去比较呆板没有活力，所以画立方体的时候不需要将每个面都画得满满的,注意留白及面的不同明暗关系表现。

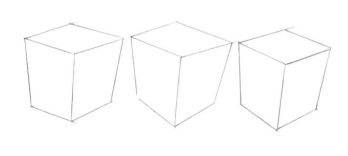

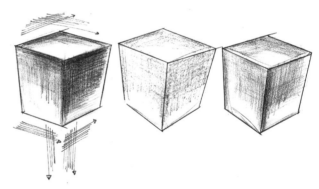

step3 局部加深，然后绘制阴影。

step4 进行水溶润色，并绘制反光区域。

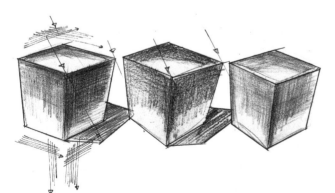

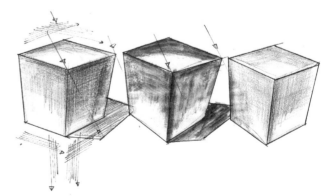

球体彩铅上色练习

接下来通过球体的绘制练习，掌握用彩铅进行球面上色的技巧。

step1 绘制之前先对球体的基本明暗关系进行分析，球体主要有亮光、次亮光、暗部及局部反光。

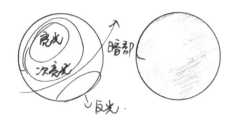

step2 用不同材质彩铅绘制最终呈现的对比效果，同样采用素描的绘制方式进行绘制。

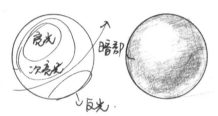

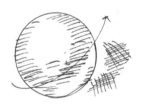

step3 对水溶性彩铅进行水溶处理，然后绘制阴影部分。

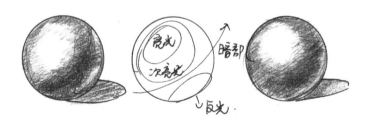

5.1.3 圆角产品彩铅表现技法

在用彩铅绘制圆角的时候圆角处尽量留白，两边光影交界处要表现明晰，着色有一定渐变过程就可以画出漂亮的圆角。水溶性彩铅可以用细的水粉笔进行涂抹形成水彩般的渐变过程。

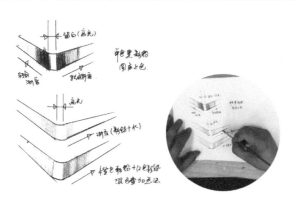

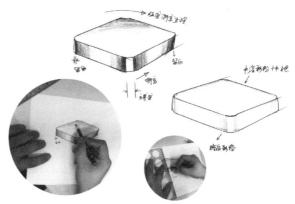

用彩铅绘制复合圆角的关键就是注意各个面的明暗转折及层次关系。

接下来为大家讲解用水溶性彩铅和蜡质彩铅表现复合圆角的区别。首先绘制出2个不同大小的复合圆角线稿，为上色做准备。

用水溶性彩铅与蜡质彩铅对复合圆角进行上色。蜡质彩铅适合表现磨砂类的转角，而水溶性彩铅则非常适合表现高光强烈的不锈钢材质转角。

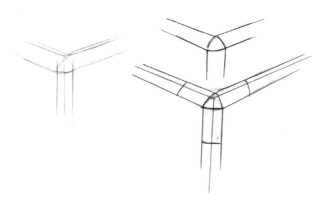

右图是水溶性彩铅与蜡质彩铅表现复合圆角产品的光影对比。

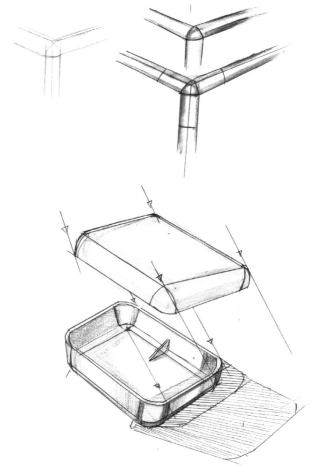

复合圆角立方体绘制

step1 绘制出不同尺度的复合圆角立方体。以立方体为基础往内偏移一定距离的线，为画圆角做准备。

step2 根据立方体绘制出倒圆角，注意转角线的走向。

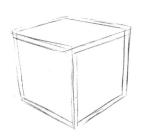
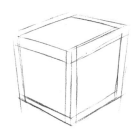

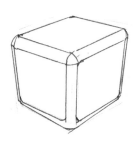

step3 画出立方体三个面的明暗关系，注意圆角处留白。

step4 添加阴影，处理好转角的明暗，可以将水溶性彩铅进行水溶处理，体现更加整洁的光面。

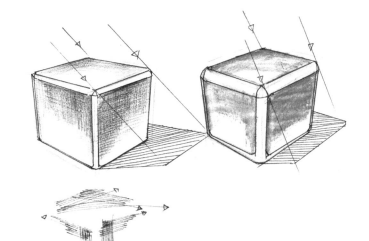

鼠标产品绘制

step1 绘制出带圆角的几何作为鼠标的轮廓。

step2 绘制出鼠标的结构线，初步确立产品的立体空间，并尝试分析各个面的光影明暗。

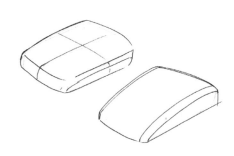
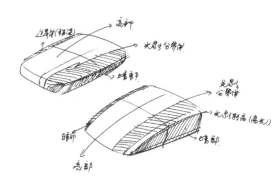

step3 根据设定的光影初步上色，简单地表现出明暗光影关系。

step4 在基本的明暗光影关系基础上继续上色，注意水溶彩铅需要进行水溶处理，而蜡质的则加深，呈现明暗的光影分界线。

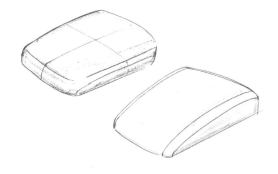
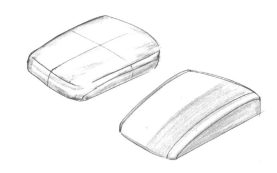

step5 强化光影分界线，并加深暗部，然后修缮边缘线，特别是光影分界线的边缘线。

step6 绘制阴影，基本完成产品的绘制。

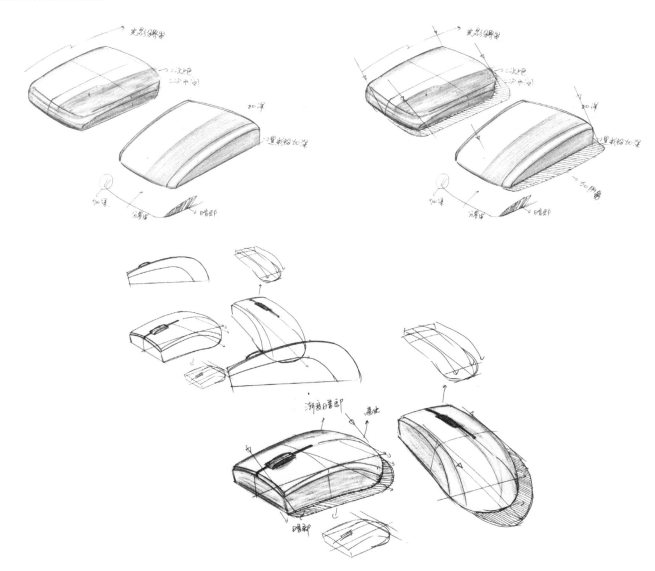

弧面工业产品绘制

step1 绘制出基本的轮廓，为上色做准备。

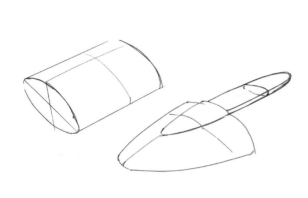

step2 分析光影关系并进行初步的上色。注意这里先用水溶性彩铅打底色，后面结合蜡质彩铅进行混合上色。

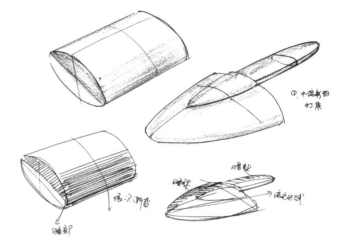

step3 进行水溶处理，主要是形成自然的渐变面，让几何体看上去有光泽的感觉。

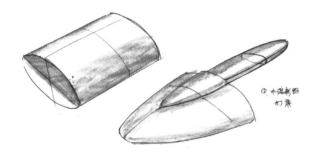

step4 用蜡质彩铅绘制边缘线，强化光影分界线，让水溶彩铅柔软的部分硬朗起来，呈现工业产品设计的坚定感。

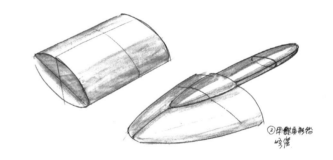

step5 确定阴影面积，可以借用直尺使边缘更规整。

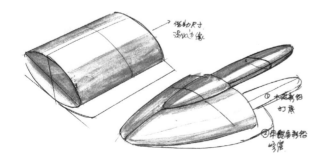

step6 绘制阴影，用黑色彩铅加深暗部，使得渐变更加有层次。

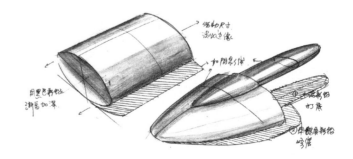

5.1.4 不同产品手绘效果图彩铅表现

电熨斗彩铅绘制

step1 选择一款弧面较多，相对简洁的电熨斗作为表现的对象。

step2 参考照片绘制产品的轮廓图。绘制这类产品的时候特别需要注意透视，最好用辅助线骨架的方式绘制，这样绘制好的轮廓不会太走样。

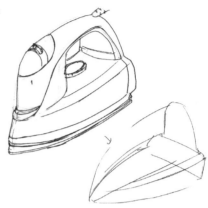

step3 根据光影关系进行上色，特别注意如何留出高光。

step4 将水溶性彩铅的笔触进行水溶处理，形成有一定渐变的光影面。

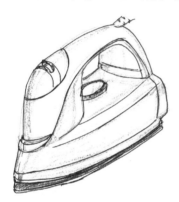

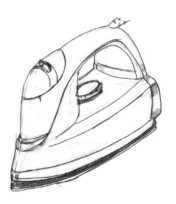

step5 用蜡质彩铅强化色彩区域，使得颜色更加明确硬朗。

step6 用曲线板将轮廓线画整齐，让产品更加简练大气，并添加阴影。

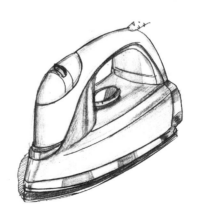

剃须刀彩铅绘制

step1 选择一款剃须刀进行彩铅绘制练习。

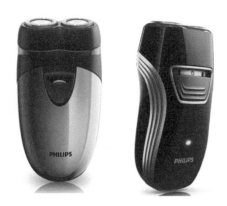

step2 用水笔绘制基本轮廓，亦可以顺便确定光影明暗分界线，使得上色变得更加简单。

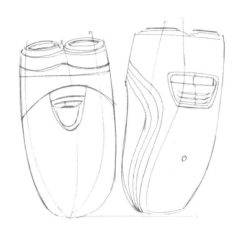

step3 用黑色水溶性彩铅绘制基本明暗关系，注意大量留白，可以通过水溶绘制实现暗部的渐变。

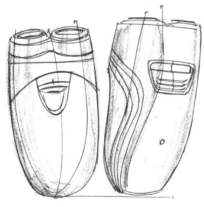

step4 用黑色彩铅加深各个阴影部分，强化质感。

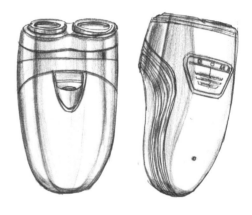

step5 强化明暗分界线，提升工业产品的质感，然后用曲线板将轮廓描摹一遍，避免因徒手绘制使交界线产生毛边及不流畅的情况出现。

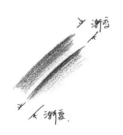

明暗分界线的绘制方法。

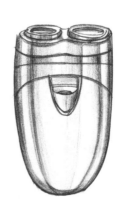

玻璃杯彩铅绘制

step1 找一张适合的玻璃杯图片进行彩铅上色练习。

step2 分析玻璃杯的明暗关系。

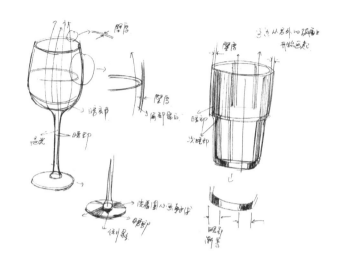

step3 绘制产品的轮廓。

step4 根据产品的结构用黑色彩铅轻涂表现出基本的明暗关系。

step5 强化明暗关系，并确定明暗分界线，即使是弱的光影变化也尽量让边界线分明。添加局部细节，让形体更加丰富。

step6 用"酒色"彩铅绘制出玻璃杯中的酒，突出玻璃产品的质感，最后细化光影关系。

双筒望远镜彩铅绘制

step1 找到一张双筒望远镜照片，先分析一下基本的形体构成及空间透视。

step2 绘制出产品的轮廓，可以绘制有一定构图关系的画面。

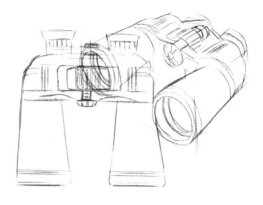

step3 用针管笔绘制需要上色的形体，其他的作为效果图的对比背景。

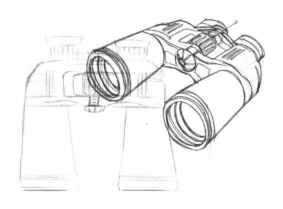

step4 用黑色彩铅上色，主要将明暗关系初步确定下来，让产品具有立体感，这里可以不细究各个细节的光影，主要强调高光及暗部的一致性。

step5 将彩铅笔头削尖，刻画明暗关系，并强化明暗交界线，然后用天空及地面的颜色绘制镜头，主要映射在镜筒上的颜色不要忽略。

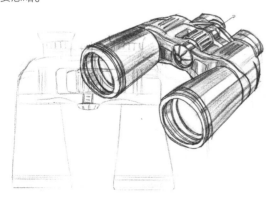

step6 用水笔将轮廓描粗，主要是为了区隔及强化画面，让绘图对象的主次更加明显。

彩铅的表达主要以强调直线为主，局部再辅以短促的交接线，即使是交接线也以平行线为主。

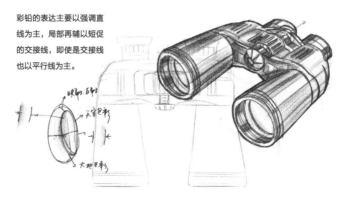

几何图形归纳法版面构图练习

经常看见很多效果图都是用一个圆圈打阴影的方式将工业产品进行归纳绘制，这种处理方式容易形成整体感。接下来就进行这种方式的练习，希望能对产品的简易归纳构图有帮助。

step1 选择相对简易的工业产品进行练习，这里选择了有鳞次栉比外壳的耳机进行练习。

step2 先绘制轮廓图及两者合在一起的图形，可以是方形、圆形或其他形状。

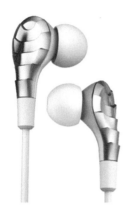

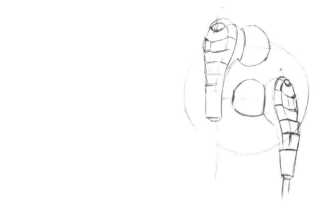

step3 绘制出基本的明暗关系，并用针管笔描绘轮廓。

step4 绘制细节处的明暗，并加深暗部的光影关系，让产品更加有质感。然后用直尺辅助画出圆形内的斜直线，这样画面格调就基本出来了。

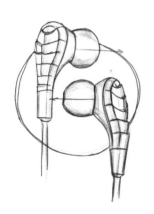

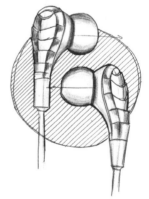

step5 亦可以给底色斜纹上点颜色，活跃画面气氛。

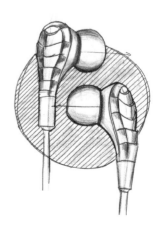

绘制有一定场景的工业产品效果图

step1 选择两款接近的工业产品设计。

step2 先用铅笔绘制基本场景，然后用针管笔重新绘制轮廓，确定基本布局格调。

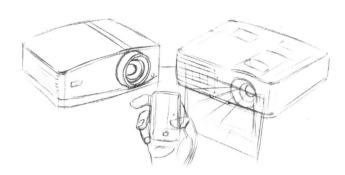

step3 绘制完轮廓后将铅笔线稿擦拭掉，明确产品的结构和画面各部分之间的关系。

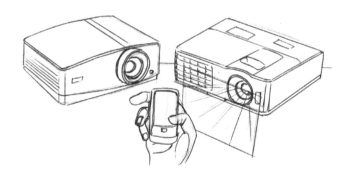

step4 用黑色彩铅初步绘制明暗，注意画面的整体性。

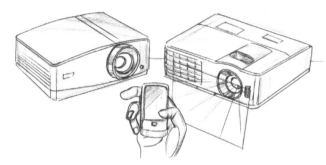

step5 细化明暗关系，绘制镜头及模拟投影光线。

step6 将背景与细节仔细绘制，完成整体画面的表现。

绘制有人物场景的工业产品效果图

step1 找一张汽车的马克笔效果图和一个人物，然后将人车合一，先确定汽车的基本空间透视。

step2 仔细分析形体，然后用铅笔绘制出草图，人物叠加过程中特别要考虑尺寸比例。

step3 用铅笔绘制完轮廓后用针管笔进行描绘。

step4 用黑色彩铅将基本的光影表现出来，基调确定后开始尝试用其他彩铅上色。

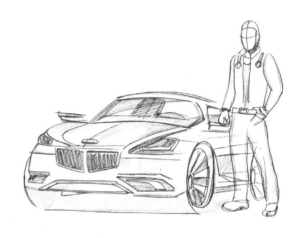

step5 用水溶彩铅画出汽车和人物的底色。

step6 对水溶彩铅的笔触进行水溶处理，然后用相应的蜡质彩铅绘制水溶后的渐变。

step7 加深暗部，强调画面细节，完善整体，然后将轮廓线用曲线板进行规整。

5.2 工业产品设计手绘水粉表现技法

5.2.1 水粉画法介绍

　　水粉是色彩绘画过程中非常重要的工具，是画面着色的重要手段。水粉可以非常细腻地表达静物或者工业产品，可以帮助学习者或设计师产生对色彩全面的感知。但是传统水粉绘制过程比较缓慢，因此有必要对其进行一定程度的改良来加快效果图的绘制。通过绘制比较可以发现，各种绘画材料手法都是共通的，但各自有其独特的优点，相比较前面的画材画法，水粉更适合大面积的绘制。

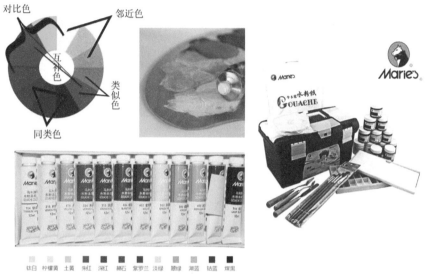

　　水粉笔的笔头大大超越了彩铅，颜色相比于彩铅也更加丰富；水粉在绘制过程中画纸可大可小，并可以扩展至墙绘等媒介；从画材颜料上来说，颜料的使用量可以持续较长时间，但水粉也有其致命的缺点，就是需要很多材料，装裱比较麻烦，携带不方便等；从使用场合来说，水粉工业设计手绘重点在于调色与水粉的技法运用，所绘制的画面更适合装裱及保存。

5.2.2 不同产品手绘效果图水粉表现

底色高光有两种常用的表现方法：彩色卡纸作图和水粉渲染法，基本画法：提高光、压暗部，画细节。

底色高光是水粉画法里最典型的表达方式，大面积底色的轻松晕染是其他画法材料难以达到的，但这种画法需要晕染，所以需要在绘制之前要裱好画纸，不然容易起皱，这样后续的提高光、压暗部及画细节就没那么顺利流畅了。

手提包水粉绘制

step1 绘制手提包的基本轮廓，然后用黄色与绿色两种颜色进行混合绘制，要求宽幅笔刷进行两色湿润画法，上色的时候注意局部留白。

step2 对手提包进行初步上色，主要先画整体差异较大的色彩，并用窄些的水粉笔进行边缘加深处理。

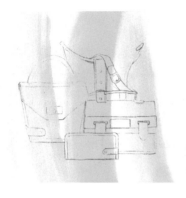

step3 加深暗部，将产品与背景色拉开。

绘制过程中每次上色尽量留出点时间用于画面的干燥。

绘画时底色切忌反复修改，这样容易导致底色混乱，画面不干净，影响视觉效果。如果对上色没有十足的信心，可以先在草稿纸上尝试一下；如果底色基本确定但又觉得产品的色彩饱和度不够，可以在产品上面将底色加深，而不是反复添加外围的底色。

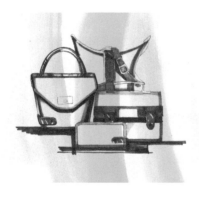

step5 用白色色粉提亮，主要提亮高光部分与局部缝纫线位置，从而较好体现产品的质感。

step4 绘制缝纫线，体现产品的质感。

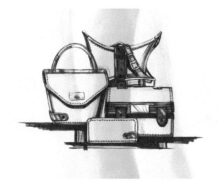

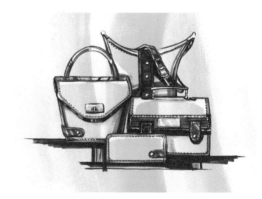

以产品正视图的方式通过底色高光法的绘制是十分快速的手绘技法，这种方式并不仅仅适用于水粉手绘，也适用于其他画材画法，只不过水粉的底色铺起来最简便而已。将此方法延伸开来，用计算机平面软件绘制产品效果图时也非常实用。

POS机水粉绘制

step1 绘制出POS机的立体图，并用笔刷刷出底色背景。如果不想让底色覆盖大部分画面，可以在需要的位置粘贴胶布，从而让底色点到为止。

step2 加深边缘轮廓线，注意线条的粗细关系，然后绘制光影转折线，并在暗部用深色的水粉进行二次覆盖。注意覆盖过程中的水分，不要一味地涂抹，不然绘制部分会因为水分太多而发毛。

step3 细化并加深暗部，将产品表现得更加立体。

step4 加粗暗部线条，然后在这个基础上用白水粉笔提亮。

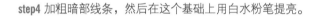

注意白水粉笔的水分，不要太稀，否则易与原有的深色混合，容易让画面变脏。
尽量控制白水粉的湿度，在提亮前也在草稿纸上试绘制。

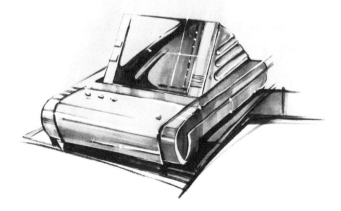

小记 对立体透视图的工业产品进行水粉上色比正视图更难一些：一是光影关系比之前的略微复杂，二是对具有透视的工业产品进行绘制时，水粉笔容易发抖，轮廓边的加深与后期水粉提亮环节都是对上色的考验。

多曲面工业产品水粉绘制

step1 绘制出多曲面工业产品的轮廓。

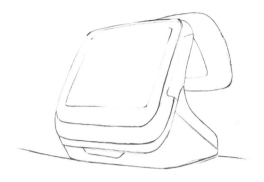

step2 上底色，注意产品局部的留白，用相对浅一些的颜色表现，形成具有收缩性但秩序稳定的底色画面。

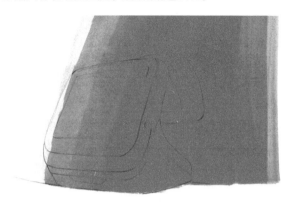

step3 绘制曲面暗部及底部暗部。

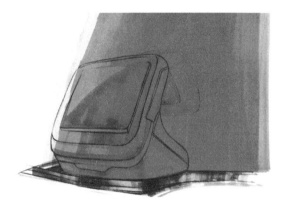

step4 强化暗部处理，即使是暗部处理，也需要分不同的层次。

主要还是以加深暗部为首要目标，拉开底色与产品的关系，并让产品立体化起来。

step5 提亮画面，通过转折面的黑白反差对比，让整个产品的细节跃然纸上。

小记 多曲面工业产品的绘制难点不在于白描稿的绘制或底色晕染，而在于对画笔的控制，重点就是黑白反差的装配线的绘制，因为很多是非常规曲线，很难借用曲线板的方式绘制，纯徒手绘制需要反复练习。此类画法的核心在于基于曲面的暗部绘制与细节的提亮。

吸尘器水粉绘制

step1 绘制吸尘器的轮廓，画面尽量干净利落。

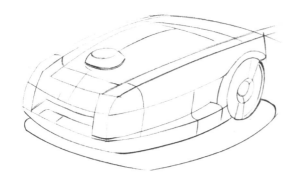

step2 用单色宽幅水粉笔刷晕染画出底色，先用浅色以一定方向进行水粉晕染，等浅色干后用有一定间隔但方向一致的深色进行晕染，得到有序且有深浅层次变化的底色。

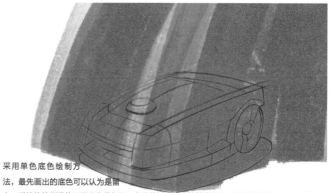

采用单色底色绘制方法，最先画出的底色可以认为是留白，后续的笔刷晕染可以认为是加深，在晕染过程中，笔触的方向一定要有规律，千万不要东一笔西一笔，最后杂乱无章影响后续的上色。

step3 绘制暗部，产品主体部分的暗部色彩主要是在底色中加点黑色，或选择比之前更重的色彩进行加深处理，将产品与底色做一定的区分。

step4 用稍微稀一点的白水粉上色，对产品进行初步提亮。

step5 在原有基础上进行整体提亮，并绘制反光区域，这些区域的白色水粉浓度要相对稠一些。

小记 吸尘器往往作为工业设计里难度较高的产品，它的水粉效果图表达也有相应的难度。本案例的难点还是轮廓边的上色与提亮，想要得到柔顺合理的绘制需要下狠功夫。

打印传真扫描一体机水粉绘制

step1 绘制一体机的轮廓，画面尽量干净利落，线条粗细对比清晰。

step2 用天蓝色与浅紫色画出底色。先用天蓝色进行绘制，注意超出所绘制产品的中点，多余的部分是为了让浅紫色与天蓝色叠加，便于更好地进行混合过渡。

在选用双色进行底色绘制的时候，色彩的明度要尽量拉开一些，最好是一浅一深，这样才容易表达产品的较亮部与较暗部。

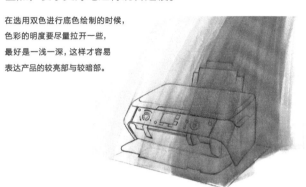

step3 将轮廓线加深，进一步拉开线条的对比。

step4 细节加深处理，让各个部件更加明晰，然后用深色加深暗部，并体现一定的光影变化。

底色高光法的暗部处理是非常有意思的，丰富的暗部细节不仅能表现光影反射，也是丰富整体画面又不扰乱视觉感受的绝佳做法。同时可以通过这些细节处理，使产品转折面中的高光自然体现，一举多得。

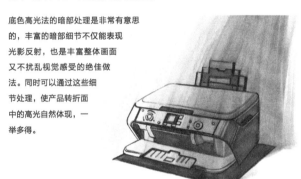

step5 对产品的转折面、装配关系线、反光面等初步提亮。

step6 再次对画面进行提亮进一步拉开产品的明暗光系，形成强烈的反差，让产品造型更加立体，同时边缘线的提亮更加清晰地交代了产品的各个模块与各自的关系。

小记 暗部丰富的细节处理是本案例的关键，双色晕染底色也是对绘制者的一个考验，通过上述几个案例的绘制，我们基本上对水粉的底色高光画法有了非常深刻的认识，希望同学们勤加练习，充分掌握这种材料的绘制技巧。

5.3 工业产品设计手绘马克笔表现技法

5.3.1 马克笔使用介绍

认识马克笔的笔头

马克笔的笔头分为圆头和扁头两种。

下图是不同马克笔笔头的使用方式及速度的控制。

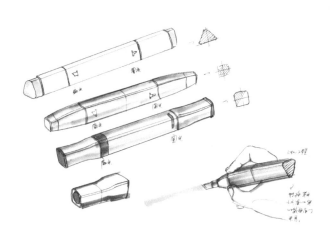

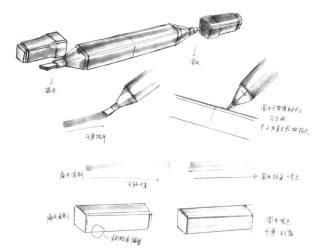

灰度马克笔的明度介绍

马克笔的灰度种类其实很多，型号也各不一样。这里主要介绍两种灰度，一种是偏青色的灰度，另外一种就是冷灰。青灰用BG表示，冷灰用CG表示。后面的数字则是不同明度的标识，数字越大，颜色越深。

下图是不同型号的灰度马克笔绘制的条形色带对比，通过对比可以更加明确地知道不同型号的灰度马克笔的颜色深浅。

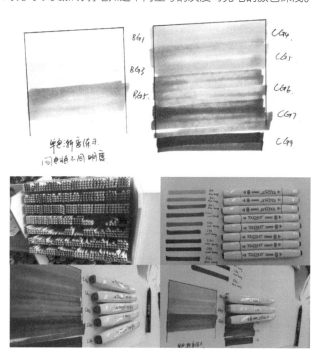

马克笔的正确绘制方法

下图是用马克笔绘制直线与弧线的正确方法，以及初学者在绘制时经常容易出现的一些问题分析。

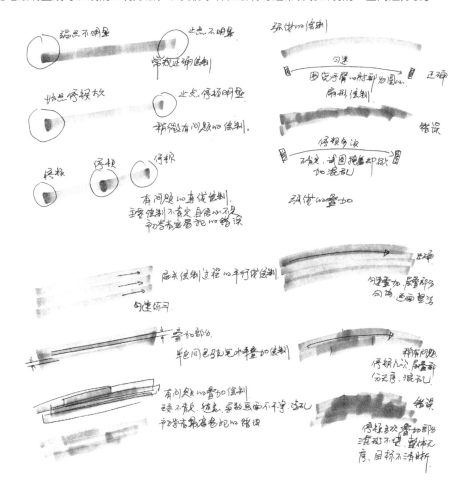

马克笔填色及色彩叠加

下图是马克笔水平绘制与倾斜绘制的要点与技巧，只有完全掌握了这两种绘制技巧，才能更好地进行填色，填色时要注意匀速表现。

下图是马克笔颜色的不同叠加练习方式，无论采用哪种方式进行色彩的叠加，都要注意笔触的确定性及流畅性，绘制的时候尽量留有绘画过程的笔触。

色彩叠加及对比练习

取不同色相的马克笔绘制色块图形，与不同灰度的马克笔做叠加练习，可以发现混合区域的色相纯度逐步下降，因此可以发现用灰度去叠加彩色马克笔是快速得到暗部的表现方式。

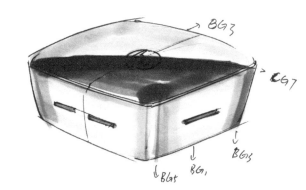

不同明度的马克笔在几何体上的光影变化练习，可以让我们分清面的轻重与光影。

下面是对一个形体结构比较简单的工业产品上色，注意分清不同冷灰、青灰灰度的设计表达。

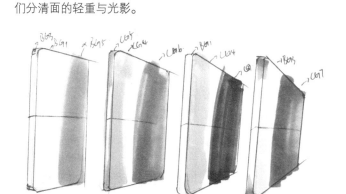

弧面的正确绘制方法

在下图中可以看到弧面的正确绘制方式和一些常见的问题，通过对比希望同学们可以加深用马克笔对弧面填色的理解。

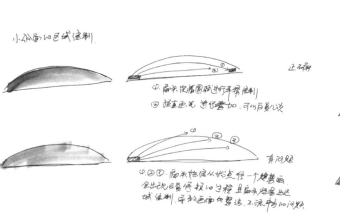

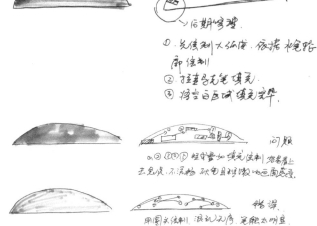

马克笔的笔触练习

以各类曲率的弧线为参考，学习如何自然优雅地用马克笔进行绘制。

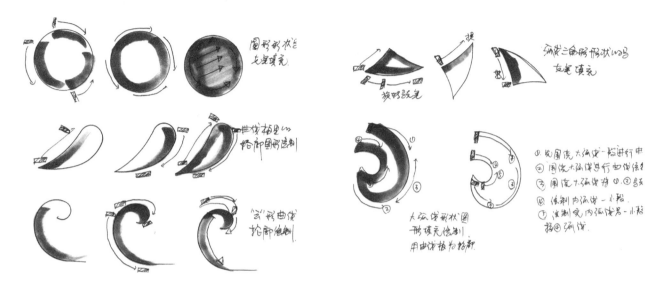

马克笔渐变光影练习

以不同灰度的马克笔进行上色练习，右侧用针管笔进行疏密排线作为左侧马克笔上色的基础，两边互为对照。

不同形式的光影对比练习。

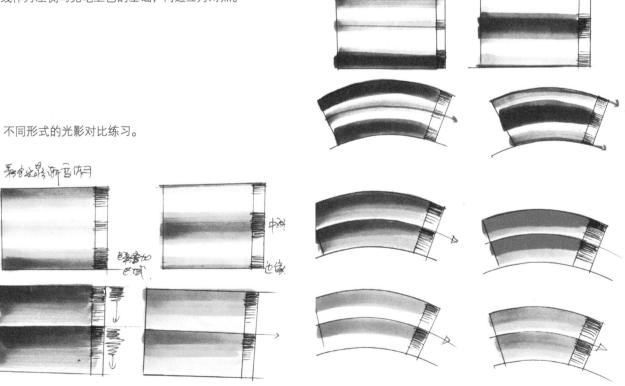

综合渐变光影练习

以不同灰度的马克笔在不同型面上进行上色练习，这样可以提升对渐变光影的表达，这里的轮廓借助曲线板绘制。

球形的渐变光影练习。

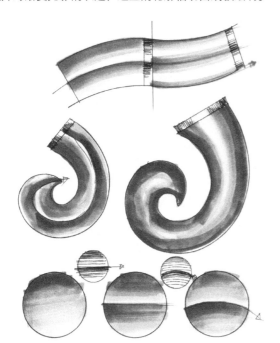

工业产品中的光影练习

下图是以常规圆环面为基础的工业产品造型上色练习，通过不同明度的马克笔体现渐变和光影变化。

下图是以葫芦形工业产品的不同曲率的弧面上色练习，主要是让马克笔的笔触尽量围绕截面辅助线进行绘制，尽量做到有序整洁。

5.3.2 马克笔绘制易出现的问题解析

易犯错误分析

　　初学者在临摹效果图的时候容易犯各种各样的错误，这里我们做基本比对，找出相关问题，以期能快速提升对马克笔手绘的整体认识。

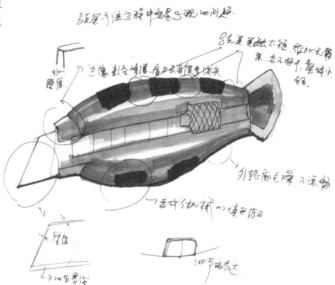

　　通过对学生在学习过程中容易犯的错误分析，有助于我们在绘制过程中避免犯同样的错误，从而在一定程度上可以提高绘制的专业度。

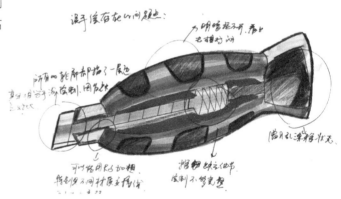

正确的绘制方法

step1 先用铅笔或自动笔绘制"飞鱼"美工刀的基本轮廓。

step2 用针管笔详细绘制各个细节，然后将铅笔痕迹擦拭掉，为上色做准备。

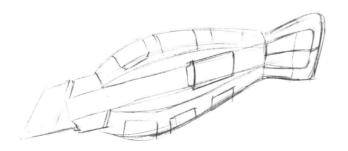

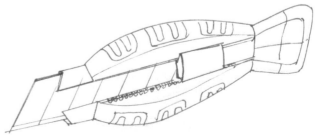

step3 初步上色，选择中灰度的马克笔绘制材质及基本明暗，然后刀柄部分用天蓝色绘制，注意留白。

step4 用中灰度的马克笔绘制工业产品自身的光影关系，让光影转折面可以清晰地辨别出来，然后绘制暗黑色的橡胶磨砂部分。

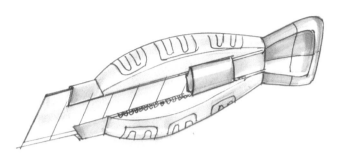

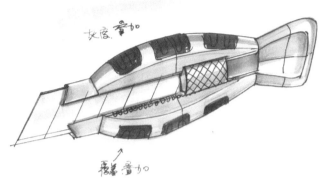

灰度叠加

高光叠加

step5 完善细节，添加高光及轮廓边，轮廓边一定要借助尺子，主要目的是修缮原来毛糙的边缘，让其更加精致挺拔。

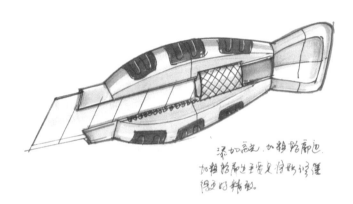

添加高光，加粗轮廓边。
加粗轮廓边主要是修缮边缘的精致。

效果图上色的详解

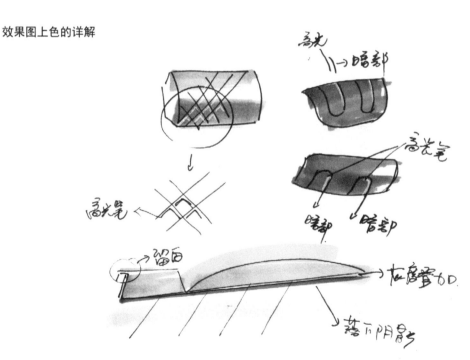

高光
→暗部

高光笔

高光笔

暗部   暗部

→留白

灰度叠加

落下阴影

5.3.3 基础工业产品马克笔绘制

吹风机马克笔绘制

吹风机形体结构与光影分析。

step1 绘制吹风机的轮廓。

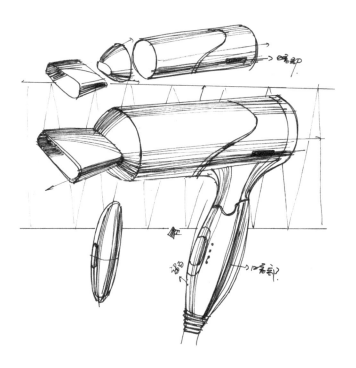

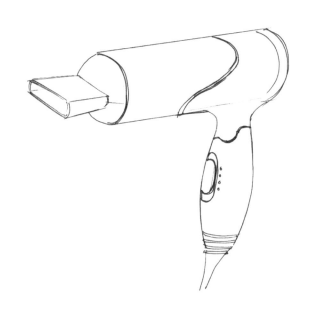

step2 根据前面的形体结构和光影分析用马克笔初步上色。如果对色彩色相或明度没有太大把握，可以先进行测试。

step3 增加灰度的色阶及黄色的色阶，让各个面产生自然的渐变。

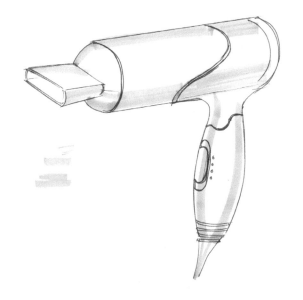

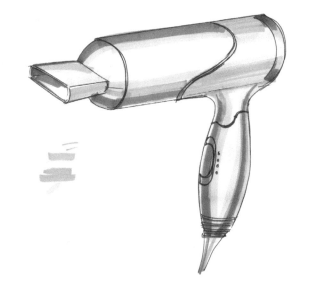

step4 用直尺与曲线尺作为辅助工具，将轮廓边用深灰色马克笔的圆笔头描边，对原来的轮廓进行修缮。

马克笔与尺子结合可以修缮徒手绘制的毛糙弯曲的转折面，增加其光顺度。不良的光影转折可以用相对较浅的颜色进行融合。

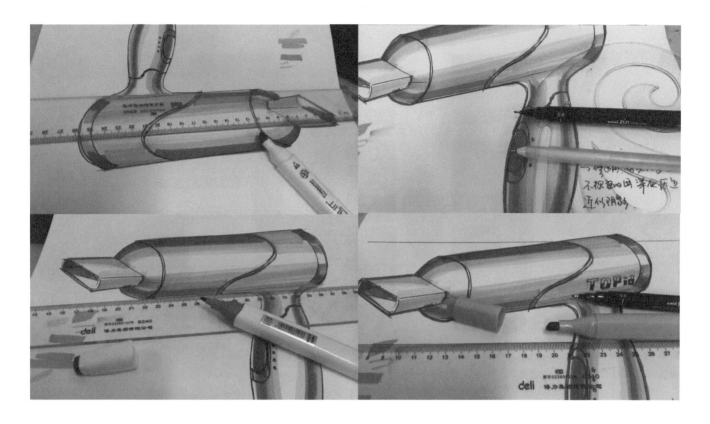

step5 接下来绘制背景，用针管笔与直尺先画出背景的面积，然后用马克笔画出颜色。

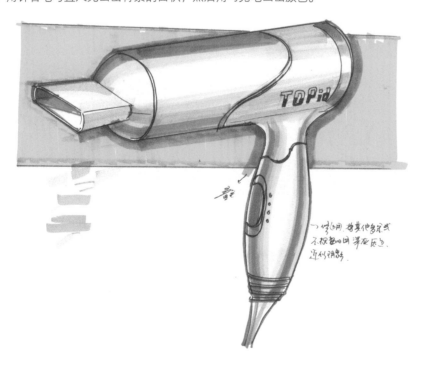

剃须刀马克笔绘制

寻找产品详情页，参考其版面及形式，构建手绘画面。

step1 先用铅笔绘制出剃须刀的基本轮廓，注意画面的构图，以及模块与整体在画面中的位置关系。

step2 用针管笔绘制轮廓，并擦掉铅笔痕迹，开始准备上色。

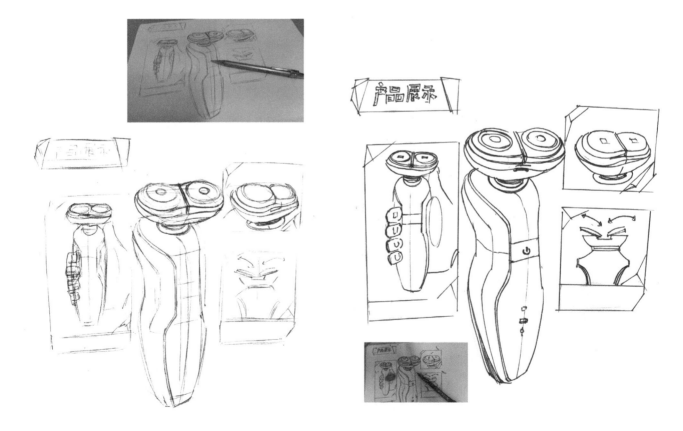

step3 先用中等灰度的马克笔上色，在绘制的过程中一定要考虑全局的光影关系，这样才能使画面整体比较统一。

step4 绘制主体部分的颜色，然后用不同灰度的马克笔沿着分界线绘制，绘制的过程中注意留白，不要用填涂的方式涂满整个面，否则会比较死板。

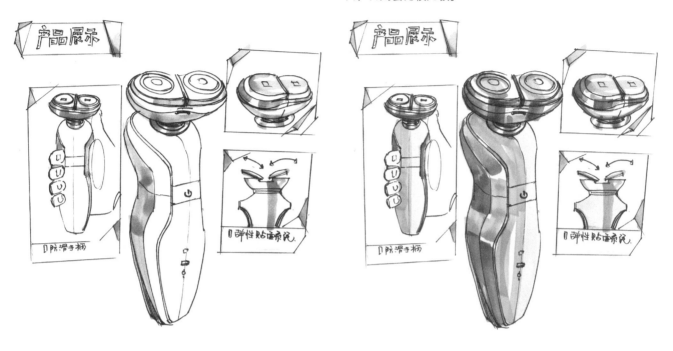

step5 用对比色绘制模块里面的背景，将整体的色差拉大，从而使得画面变得更加硬朗生动。

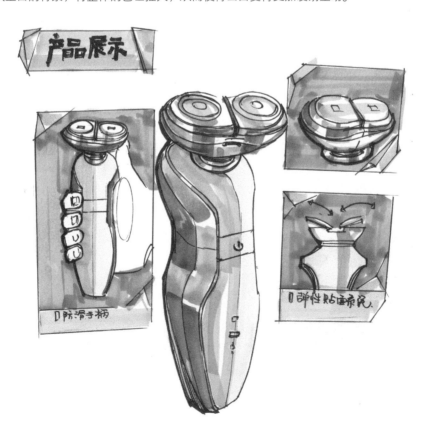

手势动作马克笔绘制

工业产品设计手绘中经常需要有一些像使用说明书一样的示意图，表现出"开""拧""拉"等很多动作，所以对于手势的绘制是十分必要的。

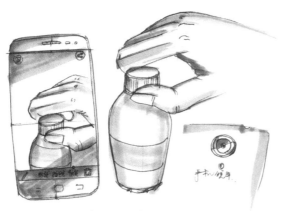

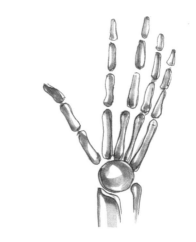

手势可以车用手机拍照的形式来绘制相关动作

下图是手的基本结构图，各个手指的长宽与节数，对于手部结构的理解有助于更加准确地表现出手的透视关系。

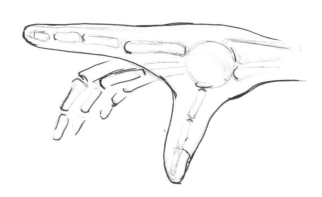

各种手势动作练习

先绘制杯子，然后确定圆球的位置，接着围绕杯子的圆弧面确定手指指节的端点位置及透视，从而相对比较容易得到基本手势，最后进行上色，将手与杯子、手与手骨进行区别。

下图是不同方向杯子的拿捏练习，遵循上述原则逐步绘制。当掌握基本的绘制方法后，可以逐步脱离具体的画面而进入自我的构思及绘制。

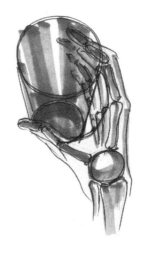

根据上述原则，接下来尝试绘制各种各样的手势，并结合自己的动作进行对比映射。

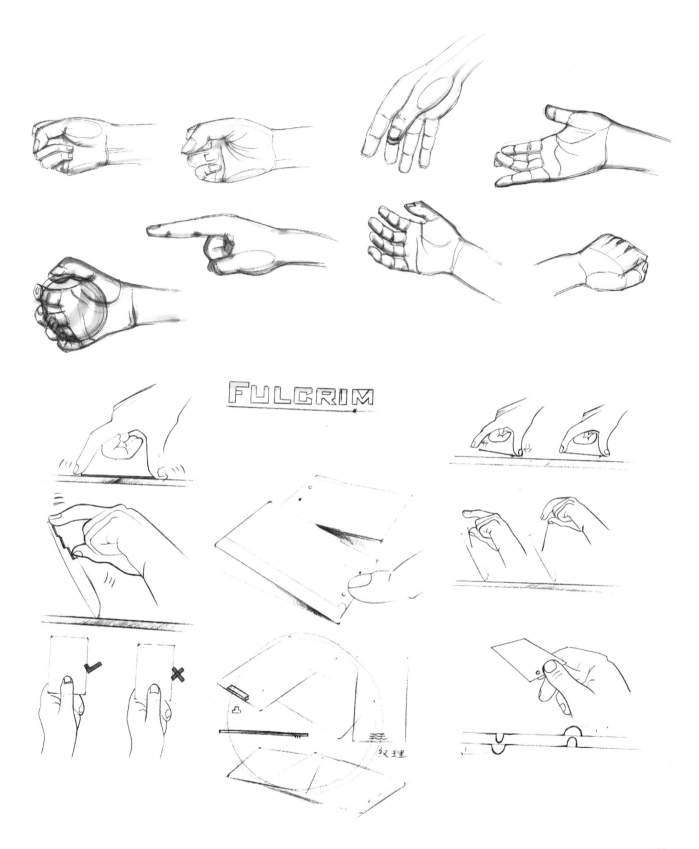

5.3.4 较复杂工业产品马克笔绘制

前面学习了一些结构比较简单的工业产品用马克笔绘制的方法，接下来讲解一些结构比较复杂的工业产品用马克笔绘制的方法，这些产品无论是造型还是绘制的精致程度都优于之前的绘制方式。优点是可以精彩地、完整地表达产品的特色，而缺点则在于因为形体及造型结构上的复杂，需要花费更多的时间，因此比较适合中长期的马克笔上色练习。

钉枪设备马克笔绘制

step1 绘制出钉枪的基本轮廓，因为钉枪的结构比较复杂，绘制的时候一定要仔细分析，交代清楚结构之间的关系。

step2 添加各个部位细节，得到比较完整的轮廓图，这样就可以上色了。

本书选择讲解绘制手持类工具产品的原因主要有两点，一是用马克笔绘制手持类工具产品的难度和绘制交通工具的难度基本相当，二是作者团队对于手持工具设备的设计有相当丰富的经验，所以选择了该题材，这样也是为了和其他书籍形成差异。

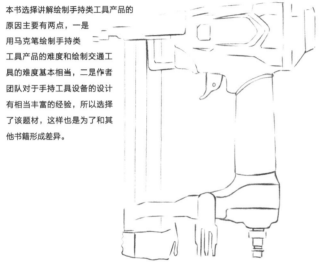

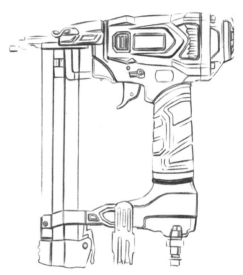

step3 用不同灰度的马克笔绘制基本的部件关系，区分彼此的材质光影。

step4 继续加深各部件的关系，使产品结构和材质更加明确，并分离出弧面的光影与明暗关系，注意留白。

step5 在上述基础上开始绘制有色模块。

step6 绘制细节，用针管笔绘制光影转折线，让产品的光影关系更加准确，线条的粗细对比也更加强烈。

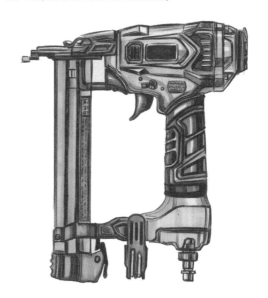

step7 继续完善画面细节，然后绘制背景区域，运用对比色，完善整体画面。

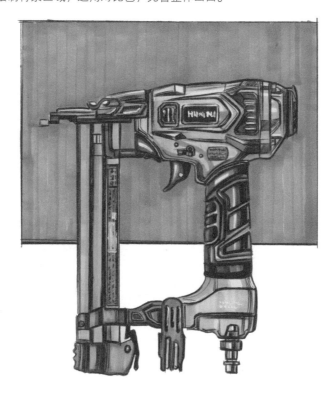

小记 手持类工具设备是工业设计中的很大一个模块，也是比较难的一个模块，初学者或初级设计师对这类产品的绘制表现往往望之却步。基于人机工程学背景的强调，各个部件合理的手持产品设计需要长时间的锻炼才能有较大的进步，因此这类手绘效果图可以作为学习者的中高级教程来体现。

角磨手持工具产品马克笔绘制

step1 角磨手持工具是电动工具类产品中常用的工具，其透视的手绘难度是比较高的，这里截取了设计过程中的最后一个段落，也是基于设计实际完成后的手绘临摹来实现的。

step2 通过透视空间的角磨工具的轮廓手绘，并反复修改后得到准确的造型，然后在此基础上将轮廓边、光影转折线等做一个合理的绘制，接着用马克笔率先绘制暗部。

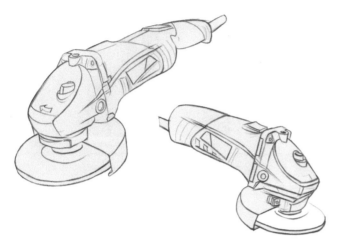

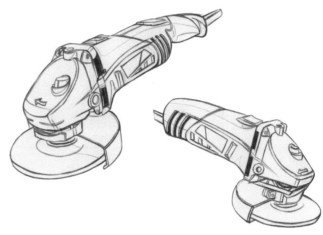

step3 绘制基本明暗，形成基本光影基调。

step4 手持部分用彩色马克笔上色，即使是同样的色彩，也必须注意马克笔绘制的走向与留白。

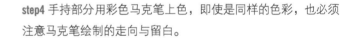

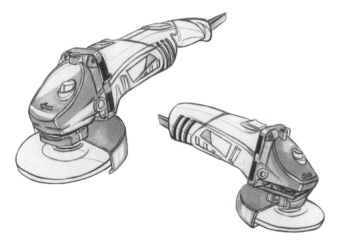

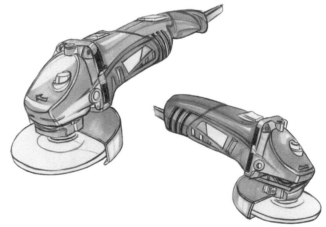

step5 加深光影变化，得到对比强烈的光影关系。　　　　　**step6** 完善细节并将标签等信息进行细致绘制。

step7 运用对比色绘制背景区域，完善整体画面。

 小记　此类复杂关系的手持工具绘制是对设计师全方位的考验，反之如果一开始设计师就具备娴熟的手绘技巧与设计能力，那么对设计全过程的提速则起到至关重要的作用。对于这类工具想要创建比较完整的三维模型是非常费时间的，要想具备复杂模型的建模能力，则需要通过几年不间断的练习才能有所建树。

　　优秀的手绘是对设计流程的提速，也是设计师自身对产品细节理解的提速，设计电动工具在某种程度上来说就是设计了一辆交通工具。对于大部分的设计师来讲，用此类产品作为能力的锻炼是非常不错的。

手持冲击钻马克笔绘制

钻头类手持设备是工具类产品里的又一大重要模块，其大功率的冲击力给使用者很大的震撼力与震动力，而下述的冲击钻手柄缓冲设计在很大程度上是对此类产品的一个创新性设计。下面通过步骤解析继续体验手持工具的手绘技巧。

step1 先对工具进行剪影式初步绘制，主要通过该过程将各个零部件模块做一个较好的区分。

step2 用黑色彩铅或较粗的针管笔进行细节的刻画，主要是针对一些特征信息的强化，如钻头部件的凹凸，主体部分的凹凸等，要表现出产品的肌肉感。

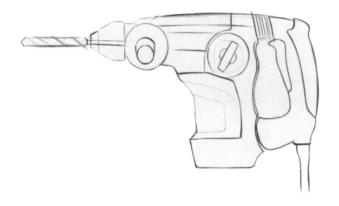

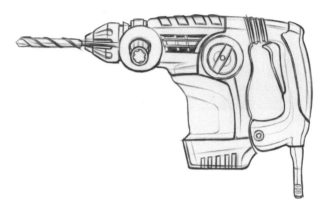

step3 对有色模块进行上色，注意留白。

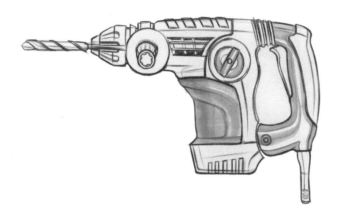

step4 用灰色马克笔上色，确定部件关系和细节明暗关系。

step5 加强各个部位的精细描绘，如零部件关系、凹凸起伏关系的暗部加深及细节的刻画。

step6 在前面绘制的基础上添加材质、光影、折射、反射效果。

step7 用高光笔提亮高光，凸显层次。

step8 添加背景色，并完善整体画面。

 工具类的创新设计是当下竞赛的一大主题，工具类的创新特别要注意基于实用，主要意图也是解决产品在实际使用过程中的问题，通过合理的方式规避或解决问题点，本案例中的缓冲功能设计是冲击钻工具类设计的一大亮点。

5.3.5 马克笔绘制的工业产品作品赏析

5.4 马克笔与色粉综合表现技法

5.4.1 色粉的画法说明

色粉在工业产品设计效果图绘制过程中占有一定的独特地位。工业产品设计手绘中的色粉运用与画家笔下的色粉运用是有很大区别的，在工业设计手绘中主要强调手绘的精准性，而画家笔下的重点则在于强调氛围和意境。

在工业设计师笔下的色粉绘制主要是侧重两点，一个是工业产品本身的机理、色彩、材质表现；另外就是进行柔和细腻的光影表达，这也是色粉有别于马克笔、水粉、彩铅的主要方面。

在很多画家及绘画爱好者的绘制过程中，色粉也扮演着很重要的角色，色粉既可以很大胆地塑造大面积氛围，也可以用于绘制相对的细节。从效果来看，它兼有油画和水彩的艺术效果，具有独特的艺术魅力。在塑造和晕染方面有独到之处，且色彩变化丰富、绚丽、典雅，它最宜表现变幻细腻的物体，如人体的肌肤、水果等。色彩常给人以清新之感。从材料来看，它不需借助油、水等媒体调色，可以直接作画，如同运用铅笔一样方便；它的调色只需色粉之间互相混合即可得到理想的色彩。色粉以矿物质色料为主要原料，所以色彩稳定性好，明亮饱和，经久不褪色，如吉多雷尼（1575—1642）用色粉画的画，至今尚存，色彩如新。

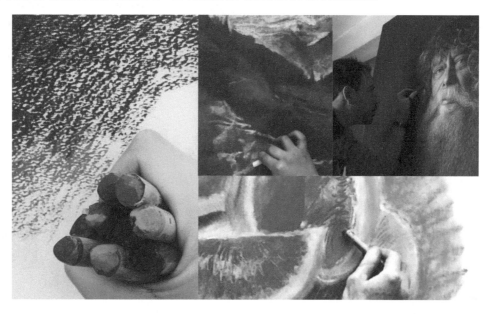

色粉在绘制过程中要注意以下6点。

第1点：色粉画的固定，必须用特制的油性定画液，也可用透明玻璃（纸）来保护画面。

第2点：由于色粉颜料性质较为松软，勾轮廓稿时最好用炭笔（条），不宜用石墨笔勾绘。最好使用本身具有细小颗粒状的纸张，以便颜料可以更好地附着在画面上。

第3点：色粉笔颜料是干且不透明的，较浅的颜色可以直接覆盖在较深的颜色上，而不必将深颜色破坏掉。在深色上着浅色可造成一种直观的色彩对比效果，甚至纸张本身的颜色也可以同画面上的色彩融为一体。

第4点：色粉笔的线条是干的，因此这种线条能适应各种质地的纸张。纸张的纹理决定绘画的纹理。

第5点：纸的颜色对色粉画很重要，因为这一技法的特点之一就是亮调子覆盖暗色背景的能力。

第6点：布、纸制擦笔和手指都可以用作调和色粉笔的工具。布主要用于调和总体色调，而总体色调中的具体变化则多用手指，因为用手指刻画形体时更为方便。用手指调和色彩时，力量的轻重可以自己掌握。用力较轻，底层的颜色就不会跑到表层上来。用手指调和还可以控制所调和的范围，不至于弄脏周围的颜色。

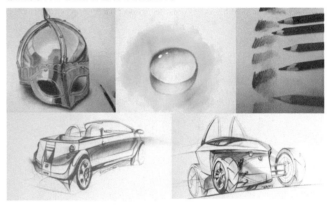

单纯的靠色粉是很难准确表达工业产品的，主要原因是色粉的涂抹上色方式，边缘线很难做到既清晰又准确。因此绘制效果图的过程中边缘线的强化则需要依靠彩铅、水笔、细的水粉笔、马克笔的圆头等工具。下图则是彩铅与色粉结合运用的经典案例。

色粉笔在处理大面积的渐变光影时与马克笔结合是非常好的方式，工具运用简便快速，是工业设计效果图绘制中常见的一种表达方式。

色粉与马克笔结合进行光影处理时，一种方式是用深色马克笔对原有的色粉绘制区域进行重色绘制，体现强烈的光影明暗对比；另外一种方式是同一色系用不同纯度、明度的叠加产生光影的细腻变化，从而实现"钢琴漆"式的特色效果。因此在汽车效果图绘制、吸尘器光影效果绘制及简洁形体绘制过程中频繁出现此种绘画技法。

5.4.2 马克笔与色粉综合案例表现

　　本节的案例表现主要使用的工具有针管笔、黑色彩铅、马克笔和色粉。针管笔与黑色彩铅主要用于轮廓勾边、轮廓加粗及细节描绘；马克笔主要是光影关系这块重色的描绘，让曲面或平面的光影关系有层次及色阶上的表达；色粉笔主要是大面积的光影关系处理，这种大面光影关系处理可以用底色高光法也可以用区域填鸭式的方式进行。用色粉绘制的效果图往往是多重工具的综合运用。

　　从下图可以大致看清一张色粉效果图的基本构成，与其说是色粉效果图，倒不如说是基于色粉绘画的综合技法运用的效果图，接下来利用这种方式进行工业设计效果图的绘制。

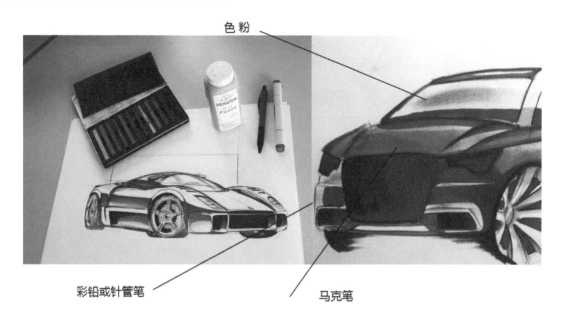

色粉

彩铅或针管笔

马克笔

概念立式吸尘器的绘制

step1 基于设想的概念立式吸尘器的轮廓造型，主要采用一体式圆柱形的整体表达，将各个模块合理分布，从而形成独一无二的设计。

step2 基于初步的轮廓，用黑色彩铅强化边缘，并合理处理各个线条的强弱和粗细。

step3 完成暗部或阴影部分的绘制，强调基本光影关系。用蓝色马克笔绘制筒体的暗部，因为后续是用蓝色的色粉进行绘制，再用灰色马克笔绘制其他结构的暗部。

step4 用马克笔继续上色，增加光影的细节表达，呈现各种反光折射。

step5 用色粉上色，主要是对筒体的光影变化处理，注意明度的把握与马克笔颜色之间的关系。

step6 增加马克笔的细节表达，完成产品的细节表现，并在留白不是很多的地方用白色或浅色色粉润色，提亮高光表达，从而完成多重绘画材质结合的工业设计效果图。

step7 绘制背景色，色彩可以采用与产品主体色差别较大的对比色或互补色，从而使得画面干净利落，色彩丰富。

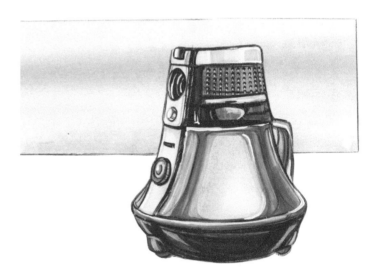

小记

在初次运用色粉的时候很难一次性绘制好理想的光影渐变，因此绘画过程中也可以准备一张草稿纸，用彩铅或针管笔绘制近似的轮廓进行模拟上色，主要还是为了在绘制过程中增加熟练程度。还有就是光影模拟这块，可以找一些近似的工业设计效果图进行对比，通过一定程度的模仿嫁接，自己绘制的效果图就具有很强的阅读性。

多功能LED灯具绘制

多功能LED灯具有手持和立式两大主要呈现方式，手持形式的产品内置锂电池或干电池，作为应急之用；立式则是正常照明使用，产品主体与支架有装配关系，可以分离。功能性能方面主要有手电筒功能、台灯功能、收音机功能及蓝牙音箱功能。

LED灯具的多样应用性，再加之现有很多产品的电子化、小型化给了设计很大的发挥空间，"多功能LED灯具设计"的多功能性，是基于设计师对于应用场景的设定，多功能并不意味着好设计，只是意味使用的多种可能性而已。基于场景应用再展开灯具设计，并通过网站资料查询及实物考察调研，充分了解实现功能的元器件及大致尺寸，只有这样，设计出来的工业产品才具备很好的合理性。

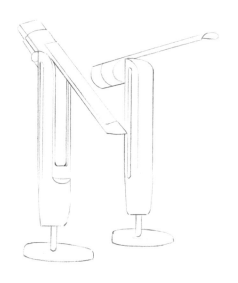

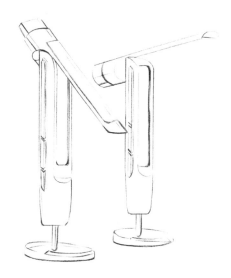

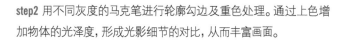

step1 根据产品的线稿用不同的色粉区别不同的部件，实现初步润色。

step2 用不同灰度的马克笔进行轮廓勾边及重色处理。通过上色增加物体的光泽度，形成光影细节的对比，从而丰富画面。

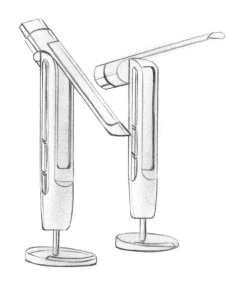

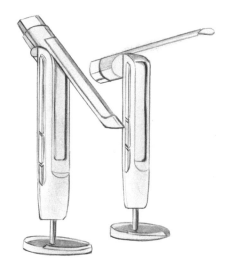

step3 色粉绘制的过程主要还是确定大型的基本色彩及光影关系，如果觉得太浅则需要增加涂抹次数，反之如果太深，则需要用涂抹的方式或加白色粉的方式进行降低。整体上色应该由浅入深，因为绘画过程中需要结合马克笔，如果色粉太厚重对后期的马克笔上色会造成严重影响。

step4 绘制产品细节及局部反光，然后绘制背景色，完成整体案例绘制。

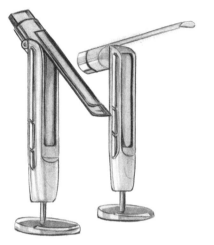

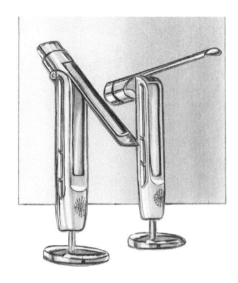

小记　近似快题设计的创意手绘其实是非常需要注重产品的合理性设计。因为其中包含了很多产品信息，如空间尺寸、位置的大小安排、功能的组合方式、产品的实用方式、产品的材质处理等，这些信息是效果图绘制过程中非常重要的一部分。上色绘制与设计思考需要同步，只有这样，才能转化成为具有独立自主能力的设计师，也只有这样才能提升设计水平。

仿生学LED台灯绘制

　　仿生学是指人类模仿生物功能，进行发明创造的科学。它是一门新型的边缘学科。研究对象是生物体的结构、功能和工作原理，并将这些原理移植入人造工程技术之中。

　　仿生学在工业设计里是非常常用的方式，而最最常用的莫过于形体上和形式上的仿生。

　　基于仿生学原理绘制的LED台灯具有仿生学的形式与功能，功能则可以仿生蛇的"触感"感应方式，而形式则可以沿用蜿蜒的造型，一高一低，一动一静将仿生对象体现得淋漓尽致。

step1 根据设计方案绘制出产品的轮廓，注意协调好透视关系，以及各个产品的部件关系。

step2 用不同色彩的马克笔区分各自的关系，并体现基本的明暗关系。

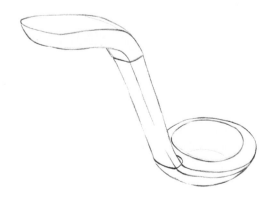

step3 用浅色色粉均匀涂抹，注意在需要有高光，以及曲面转折变化的地方用色粉加重，体现曲面的光影关系。

step4 强化光影关系以及边缘面的处理，将明暗、主次拉开，让产品更加具有视觉冲击力。

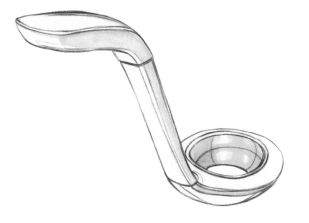

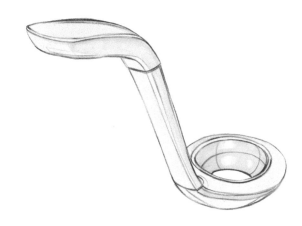

step5 后续则是完善画面，将背景色与主题融合，从而绘制完该效果图。

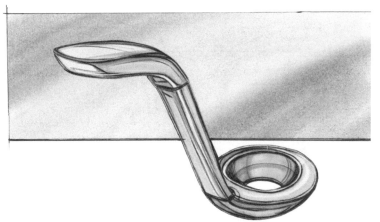

 绘画设计应该从阅读设计开始，从阅读的理解过程开始，只有这样才能与产品设计师有设计意图上的碰撞，有灵感上的激发及后期在此基础上的跨越，我们不应该为了画而画，而是为了懂而画。

作为设计师，都是通过图形、造型等各个语言交流来沟通，彼此之间必须有上述信息存在才有相互欣赏的可能性，绘画从懂得设计开始。

大弧面数码产品绘制

step1 选择近似老式电视机造型的数码产品进行色粉手绘，这类产品有非常强烈的年代感，造型上体现"大肚皮"特征。

step2 在绘制有透视组合的产品造型后，先用强弱的线条体现远近主次关系，并辅助绘制光影转折线，为后期的上色奠定基础。

step3 先用红色马克笔上色，主要体现光影转折面里相对暗部的光影表达。

 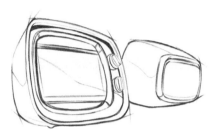 

step4 用深色马克笔绘制前面部分的光影明暗，特别注意光影逻辑的合理性。

step5 用与已上色马克笔色彩近似的色粉来进行涂抹，形成初步的光影关系，并具有"钢琴漆"的质感。

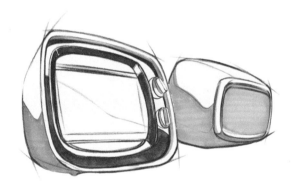 

step6 用马克笔进行深度润色，增加光影质感，让产品的色彩对比度更加强烈。

step7 添加光影背景及底部阴影，让整体更加有质感。

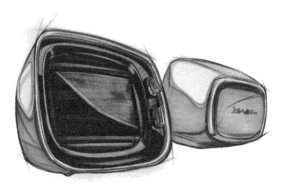 

耳机绘制

step1 先绘制产品的基本轮廓。

step2 完整绘制耳机的细节部分，完成产品的线稿绘制。

step3 初步上色，将产品的明暗关系表现出来。

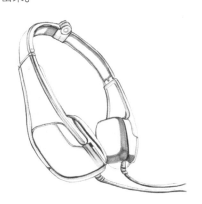

step4 用色粉上色，将耳机的壳体部分与内部做一个区别，注意在色粉涂抹的时候稍微有些渐变。

step5 用绿色马克笔与灰度马克笔结合上色，让其产生不同的色阶形成光的反射。

step6 给耳机效果图添置背景，背景部分主要由色粉来填充完成。

step7 将背景轮廓用水笔勾勒，并完成细节部分的绘制，完成整体效果图。

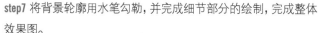

小记 用色粉对大弧面产品进行上色是比较最常见的手法，也是上色的一大难点，主要还是光影转载面上的光线折射与反光表现。

另外"复古"设计手法也是常见的方式。其实从古到今，"复古"造型从没有被设计师遗忘，反而是设计师设计灵感的来源，其设计核心则是产品造型上的改编，大小比例的改编、功能的改编、材质的改编、核心思想的改编，这些都是设计师们需要密切关注的题材。

5.5 不同工具综合表现技法

通过对前面知识的学习，我们已经对工业产品设计手绘常用的一些色彩表现工具有了全面的了解，接下来将通过具体的案例讲解如何将这些工具进行综合运用，从而更好地为工业产品设计手绘服务。

5.5.1 卡通学饮杯——水粉、马克笔、彩铅综合表现

step1 以卡通学饮杯为基本素材进行卡通化的外观设计。先绘制好设计方案，然后进行透视空间下的合理位置排布，并对轮廓线进行初步加深，接着用浅灰色水粉初步上色，等其干后继续下一步效果绘制。

step2 在上述基础上，用黑色彩铅强化轮廓特征，并绘制后续的明暗分界线，为后续上色做准备。

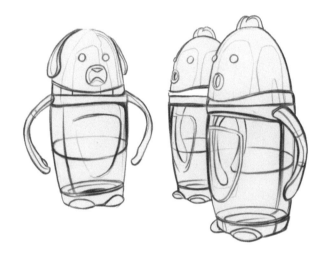

step3 用水粉笔将学饮杯的各个部件初步上色，区分产品零部件模块，为后续加深提亮奠定基础。

step4 用较窄些的浅灰色水粉笔模拟马克笔上色，绘制出杯身玻璃材质的明暗。

step5 对有色部分的零部件进行加深，主要采取区域涂抹的方式进行，对于学饮杯产品的暗部可以用黑色彩铅绘制。

step6 绘制效果图背景，背景色区域用水粉笔模仿之前的马克笔背景上色方式进行，区域外轮廓可以用深色马克笔或深色彩铅绘制。

 小记　水粉上色除了底色高光法这一经典画法外，可以采用马克笔上色的技法对产品进行上色，其宽窄不一的画笔笔触在某种程度上来说比马克笔上色更加省力，且在色彩过渡、明暗过渡上有一定的优势。而彩铅的加入，特别是黑色彩铅在轮廓线、局部细节阴影这块的处理上，对整体画面起到陪衬对比作用，多重技法的绘制，让工业产品效果图丰富多彩。

5.5.2 感应水龙头——水粉、马克笔、彩铅综合表现

step1 以触控屏幕为主的智能水龙头设计，并结合水槽绘制产品效果图。

step2 用浅灰色水粉或色粉将明暗确定，得到初步的效果图。

step3 用更深的水粉强化明暗，并在转角处用浅色水粉初步提亮。

色粉、水粉在某种程度上的使用是互通的。色粉更具备陶瓷的质感；水粉则适合优质的光影过渡；马克笔的碎笔方式可以均匀涂色，因此在绘制的过程中需要对症下药。

step4 细化暗部，刻画反光光影，提亮转角。

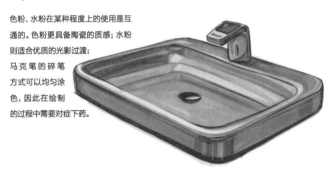

step5 绘制背景色，完成整体效果图。

小记 金属类产品、陶瓷类产品比较适合用水粉进行上色，整体画面干净利索，统一程度高。同学们平时在绘制效果图的时候应该尝试多种画法，体验不同画材及画法。

5.5.3 概念锂电池电动车——水粉、马克笔、彩铅综合表现

step1 绘制产品基本轮廓。

step2 强化轮廓，统一上底色。

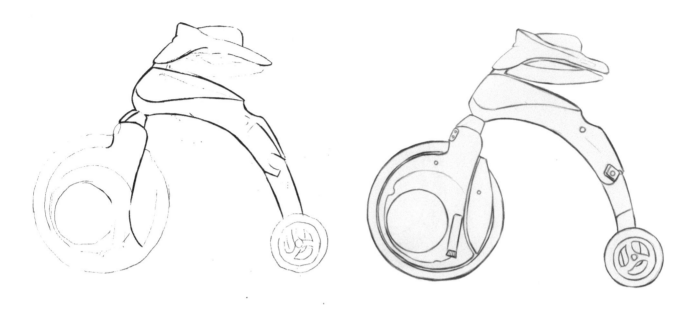

step3 细化产品细节，处理好线条的关系。

step4 初步上色，在原有的基础上通过不同的色彩区别零部件关系，上色过程中注意留白，不要全部一起加深。

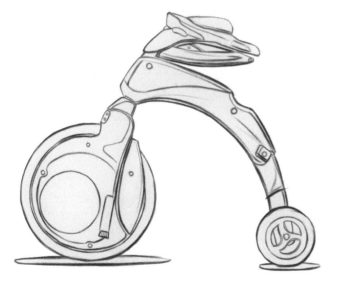

step5 加深细节，用彩铅或稍微深色的马克笔加深暗部，得到更完整的效果图。

step6 上背景色，完成整体效果图绘制。

 在绘制有较为纤细部件的时候，特别需要处理好线条的关系，尽量一次性到位，即使反复覆盖加深，也千万不要越描越黑、越描越粗，影响整体效果图表现。

INDUSTRIAL

product design 工业产品设计考研手绘表现

6.1 考研手绘基本概念

6.1.1 什么是工业设计考研

通过前面知识的学习，相信大家已经对工业产品设计手绘的绘制技法有了全面的了解，接下来讲解版面设计或考研环节中的手绘表现，这两者并不冲突，版面设计是设计师或学生对于一个产品创意的完整认识，及认识后通过画面语言组织起来呈现的最终效果图或说明书；考研环节中的手绘则是常规版面设计的升级。

工业设计专业的研究生考试由4门课程组成，分别是：政治、英语、专业课一、专业课二。两门专业课中，绝大部分学校都是考设计创意和设计理论。通常来说，设计创意考试的出题形式一般是这样：在规定的考试时间内（6个小时）根据给定的几个题目设计出方案，用手绘结合文字版面的方式进行表达，需要画出设计概念的展开过程、设计草图与最终方案效果图。所考查的内容为工业设计本科所学专业课的综合运用，以及考生平时的知识积累与手绘表达能力。

对于设计类学生或者设计爱好者再次升学而言，工业设计考研是对所学专业知识的一次全面考核，只有在规定的时间内快速地将自己的想法完整流畅地表达好才是王道。考研手绘的练习对于全面提升同学的设计能力非常有好处，因为手绘的快速表达无论是考研还是将来的实际工作都非常有用，也是积累自己设计语汇及设计感觉的很好途径。

工业设计考研快题手绘主要表现几个关键点：创意、排版、画面效果，以及产品透视结构和材质光影的正确表达。

创意：对于创意方面需要同学们多去看看那些比较好的创意产品，以此激发自己的创意激情。建议同学们多去看一些设计网站及当下国内外的众筹网站，这些网站会展现一些很棒的创意设计方案，非常适合考研的设计思维方式，而国外的一些设计网站及众筹平台正好对工业设计考研的学生学习专业英语也有很大帮助。个人认为创意是设计的灵魂，创意需要生活的积累也需要各类创意产品的激发，日积月累才能有深刻的体会，创意的升华其实也是平时创意思维渐悟顿悟的过程，有了创意则可以用工业设计效果图绘制方式简略表达出来。

排版与画面效果：只有经过了几次设计课程与设计竞赛的洗礼，才能对排版与画面效果有一定程度的认知。竞赛版面与手绘版面异曲同工，排版的关键点就是突出你的创意点，放大你的创意，让别人很容易看懂你的想法，产生较好的想法互动。在色彩运用方面尽量用2~3种色彩搭配灰度色阶的颜色进行表达，因为简洁的色彩表达更加容易突出视觉效果。

透视结构与材质光影：产品手绘本身的问题，主要就是要基于结构的透视，及整体模型下的材质光影。这里需要有较好的基础知识、熟练的设计应用加人机关系表达，最后就是对于产品工艺爆炸图的表达，考研手绘需要有点，但更需要有面，需要创意也需要创意本身的合理性。

上述是笔者对于考研的总体认知，也希望同学们能通过整体的锻炼让自己的设计表达更上一层楼。

6.1.2　工业设计考研的设计创意复习与指导

将考研的高分设计创意手绘总结为九大元素。

版面设计： 漂亮的版面会给考官留下非常好的第一印象，这样考生一开始就容易获得考官的青睐。

设计分析： 即用简洁的文字对设计对应的人群以及产品的功能和创新点进行阐述。考生在做这部分试题时，不需要很多文字，但必要的文字说明必须要有。现在考研这块的设计分析经常用手绘故事版或情景版代替。

多套设计解决方案： 考研题目没有规定需要多少草图、多少方案，但作为应试的需要应该准备多套设计解决方案。设计解决方案基本围绕新的功能创意或发明展开工业设计造型绘画工作，因此在绘制这些方案的时候，应该注意创新的尺度及绘画造型的尺度，有可能的话在逻辑性的前提下尽量拉大创意与造型的跨度，使得观看者深度理解你的综合能力。

最终方案： 选用一套方案作为最终方案，并用效果图的形式表现出来。选择的方案应该基本上是自己比较认可的功能解决方案，并由此引申出相对合理美观的设计方案，由于时间短，所谓的效果图就是比一般的设计草图画得略为精致一些，细节更多一些，色彩更丰富一点。

基本主体图及相关视图： 笔者称每套方案中画的产品叫做基本主体图，这部分是草图中最重要的部分。并辅助相关右视图、左视图、俯视图、仰视图、后视图等，可以根据所设计产品的需要选择几个主要的视图，并标注基本尺寸。

爆炸图与细节图： 为了特别表现某些产品的功能与造型，需要对产品的某一部分进行放大处理，在版面上不一定是非常机械的排版，可以借助版面的设计风格与相关方案进行有效融合，注意看上去不要太生硬。细节则体现出考生绘制草图时思想的丰富性，也是区别考生水平的重要指标，因为能力的高低往往可以从细节中看出来。

版面风格、POP手绘标题设计、说明书字体撰写： POP手绘标题主要起点睛作用，先要想好标题的名称，再根据这个创意标题名称展开相关元素的POP手绘，而说明书相关字体的撰写则遵循统一的原则，字体大小不要超过3类，次标题一类、说明文一类、图示结合的文字一类，字体撰写的时候不要用草书，尽量清晰明了，让审阅者一目了然且可读性强。

如果你能按照上述的几个方面进行设计，考官就会认为你考虑问题很全面，具备了系统的设计思维能力。即使你的绘画功底不够好，依然有希望赢得不错的分数。

6.2 考研手绘重点解析

6.2.1 版面设计

　　无论选择什么样的纸张规格进行练习，心中都要有布局的概念，这样做是为了合理分配各个画面的面积与大致位置，有利于理性的归类与积累，千万不要一上来就"宏图大志"，如在 A4 纸上绘制觉得没有太大问题，这个时候可以放大至 A3 或 A2 版面，绘制基本版面也是熟能生巧的过程。

　　下面是一些考研版面，大致的形式与内容，这种版面的基本形成与框架有助于考试的同学快速应试，毕竟考研手绘对创意时间、手绘时间都有严格的限制，实际练习的时候可以拿表测试时间。

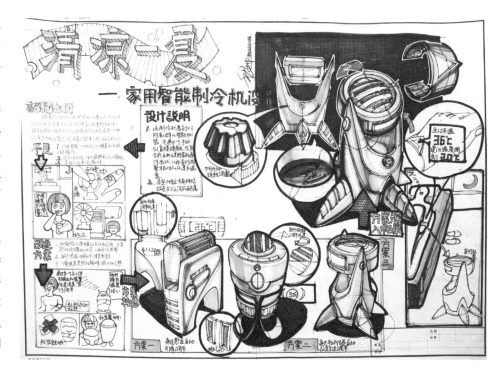

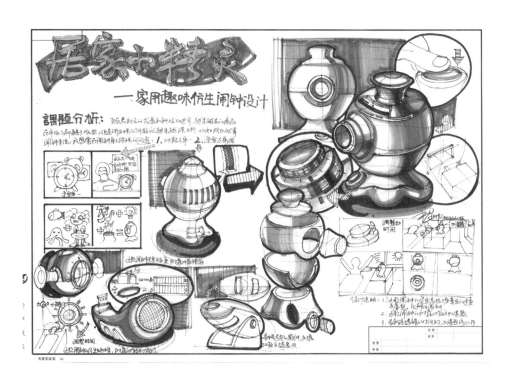

6.2.2 设计分析

手绘故事版或情景版是当下设计非常流行的交流方式，是手绘作品的图释方式，主要展示考生的思维过程及场景设定。方式类似于小人书及卡通漫画形式，主要通过几个关键性、典型性的画面将产品的故事做出一个清楚的说明。

如右图所示，情景故事版好比是设计创意产品的说明书，其中涵盖了项目背景、问题点、问题点分析、设想解决方案、综合解决方案及解决结果等内容，反过来也是同学们平时设计作业中各个过程的浓缩版。

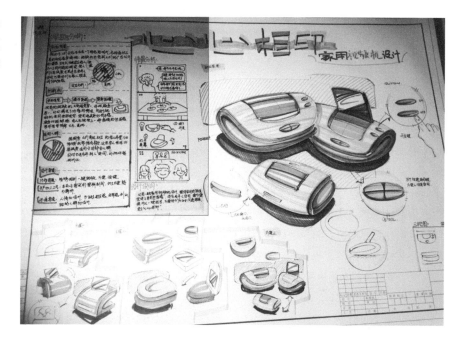

情景版或手绘故事版主要用单色马克笔与铅笔或水笔结合的方式进行表达，要求画面简洁明快，绘制人物与产品一致，是对主方案及其他设计方案的补充说明，而不是"喧宾夺主"的重点刻画，因此这块在整体方案里处于相对次要补充的位置。

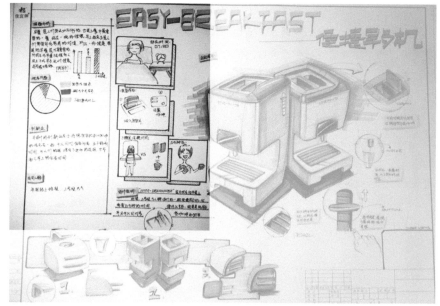

接下来我们以 "投食问路" 户外垃圾桶设计为例，看下故事版的设计分析。

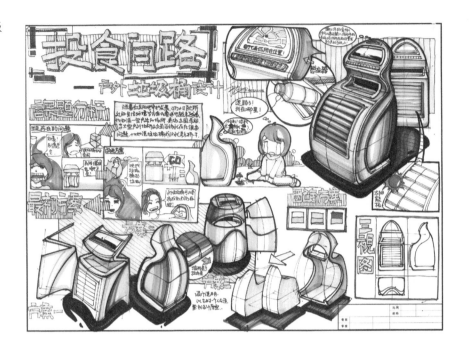

在此案例中呈现的故事版主要讲述现有产品的问题点、缺点、特点，以及不同场合的新功能可行性，并由此引发的系列设计构想，这些过程是具有逻辑性的，由此可以看出，考研手绘在逻辑性上是有较高要求的，也对考生的设计理解能力及想象能力是有较高要求的。

故事版表现练习可以多看看卡通书及漫画，通过临摹练习找到适合自己的绘制方式与形式，一则是为了应试，二则可以提高自己的手绘语言。

上述的都是图文形式，另外的一种方式就是纯粹用效果图的方式演绎，与整体混为一体，这种方式需要比上述方式有更好的版面把握。

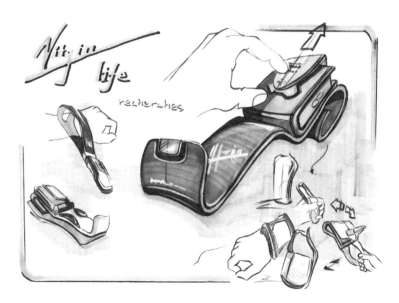

6.2.3 多套解决方案

多套解决方案侧重思维的表达，在安排版面的时候尽量区域化规划，不要东一个方案西一个方案，且方案与方案之间最好能用轮廓或底色进行统一。

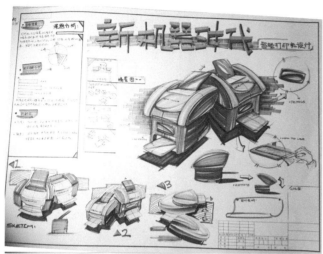

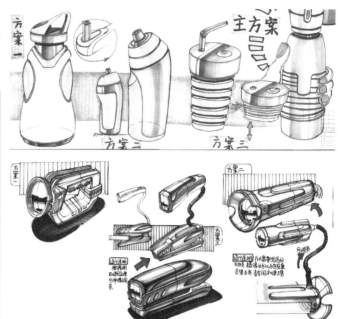

6.2.4 最终方案

最终方案的绘制并不是单单一个创意设计的绘制，可以选择一个自己认可的方案将2~3个同类产品进行不同角度、色彩、动作状态的结合演绎，这样主画面严谨且活泼，再添加一些辅助图像与故事版、产品解决方案及设计说明等模块进行有机结合。

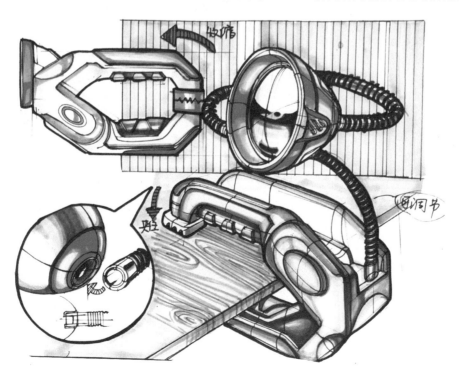

6.2.5 基本主体图与相关视图

右图所画的几个视图范例比较简易，这里的三个视图主要用轮廓线的方式呈现，绘制的时候尽量注意比例关系，具体的绘制方式前面章节有讲述，这里就点到为止。

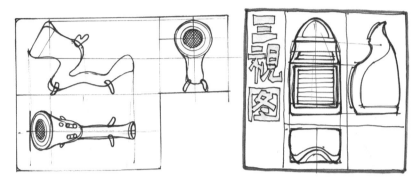

在考研手绘版面中，这些图示一般居于最小的右下角或右上角等角落位置，主要是对上效果图的各个要素进行补充，考虑到占据的版面尺寸，选择有代表性的几个视图及尺寸即可，主要考验同学们对自己绘制创意产品的全方位认知。

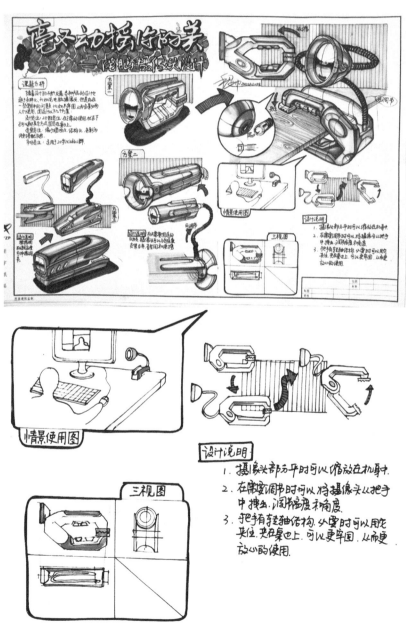

6.2.6 版面风格与POP手绘标题设计

　　手绘的POP字体要与所表达的意思统一，色彩简洁明快，视觉冲击力强，同学们在应试的时候要统一考虑POP字体与整体画面的关系，千万不要为了POP字体的冲击力效果而画效果，总体上也要从属于整体画面，位置及大小在绘制的时候服从版面布局。

　　POP手绘标题有主标题、次标题之分，主标题主要讲概念性的题目或吸引人的题目，而次标题主要讲具体的产品，在具体产品前可以加入修辞。

　　在考研过程中的POP字体，一个是广告语的POP字体设计，这里需要结合图文色彩及背景，主要说明特点的要求与主题，而另外的就是附属的正文标题，主要说明产品属性。

爬行金毛钢
——仿生形态鼠标设计

魔又动摇凌凤美
——电脑动摇仪设计

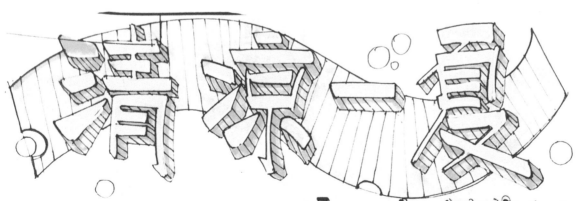

清凉一夏
——家用智能制冷机

6.3 考研手绘训练

6.3.1 考研手绘案例综合示范

step1 构建好基本画面，处理好主次关系，为上色准备。

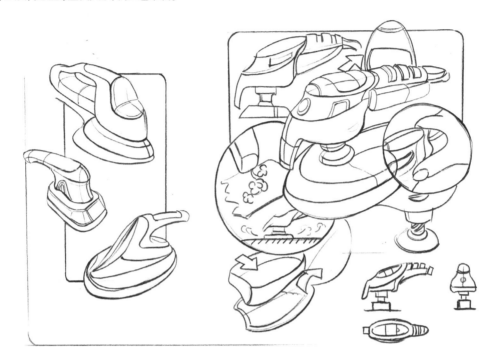

step2 给工业产品上色及添加背景色。

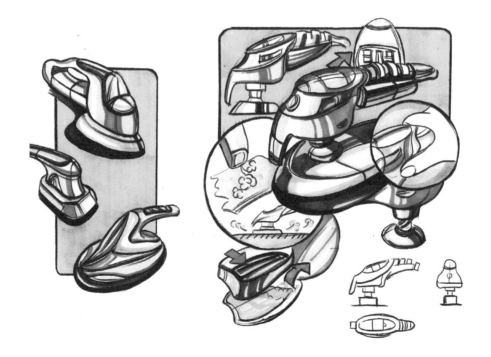

step3 添加POP标题及文字说明，让整体看上去丰富且流程清晰。

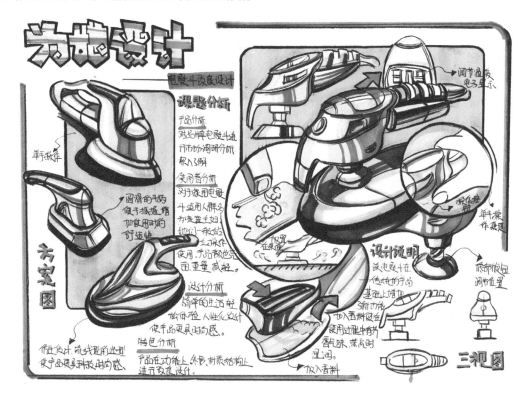

通过整个过程的学习，应该很熟悉考研绘画的基本方式及流程，剩下的就是不断地练习，即使是同一个案例主题，也可以通过不同的版面构建方式来寻求更好的设计解决方案，毕竟最终希望得到的是完整大气的版面及良好的设计解决方案。

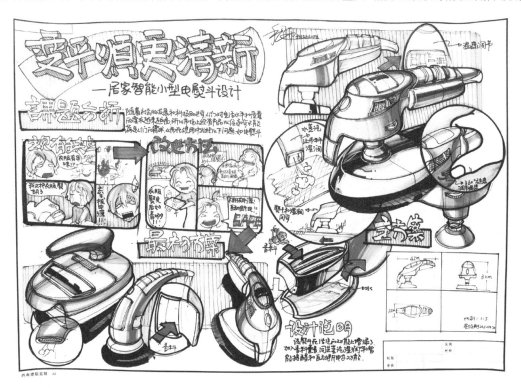

6.3.2 考研手绘案例参考

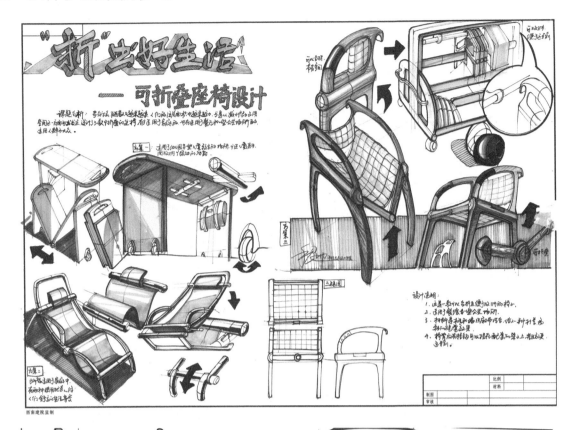

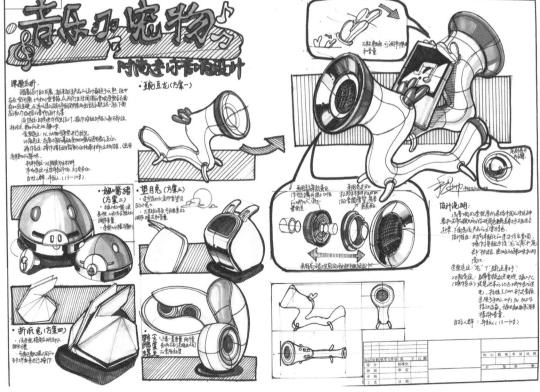

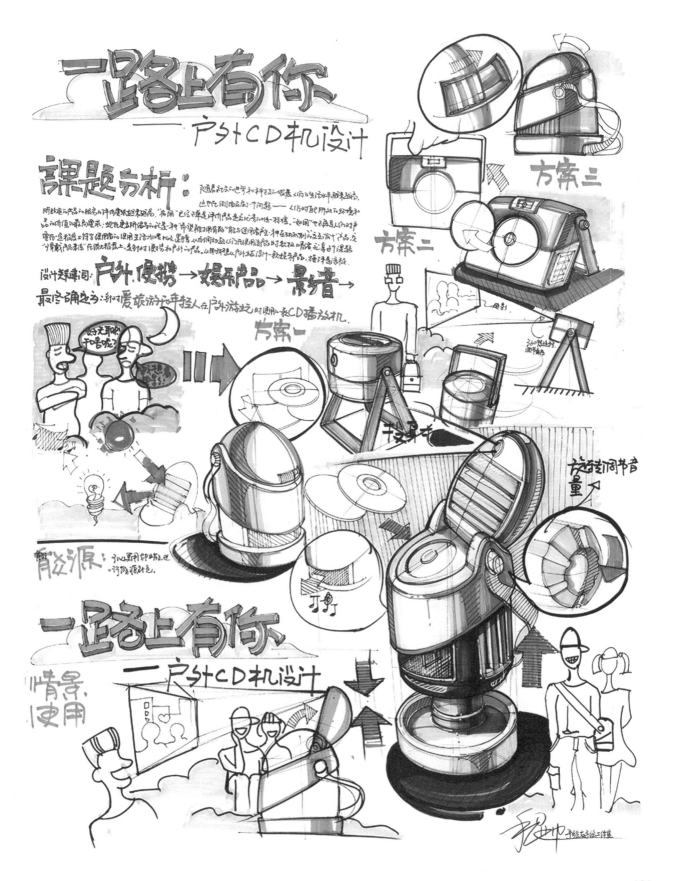

6.3.3 考研手绘总动员

　　设计考研是另外一场"高考"，是自己设计梦想的"升级版"，积累这些材料，对于考研复试中的作品集有非常好的帮助，因为它通过你的不断努力，记录了各个阶段成长的轨迹。

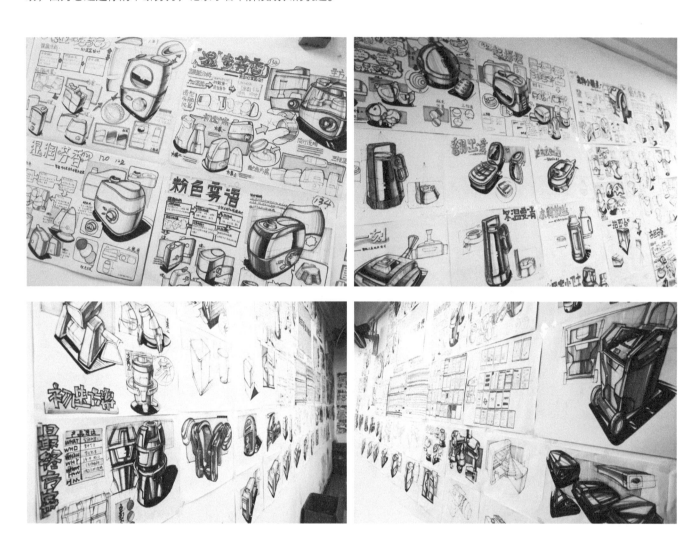

INDUSTRIAL

07

product design 企业项目中的手绘表现

7.1 企业项目的设计流程

在学习企业项目的设计流程之前，有必要先明白考研手绘和企业项目手绘的区别，以此更好地把握本章的学习重点。企业项目中的手绘表现在某种程度上来说是对考研手绘的升级，虽然两者都注重创意、注重版面构图及效果图绘制，但相比天马行空的考研手绘，企业项目中的手绘表现则相对约束很多。

一方面，考研手绘因为所设定的时间比较紧张，所能考虑到的细节环节有限，另外一方面基于设计师处于的初级阶段，项目问题点的分析诉求也基本处于臆想状态，实际落地的可行性比较少，更多的是注重稍微夸张的造型及绚丽的上色环节，因此实际项目意义并不是特别大。

而企业项目中的手绘环节表达基本上是创意的一次贴地飞行，更多的是讲究实际可操作性、落地的可能性等要素，并以这个要素为基本核心点展开的设计创意，这个过程中会删除掉很多无效的、夸张的创意，从而能剩下的往往是看似平淡无奇却十分严峻的设计创意。

因此，大家在看竞赛类的手绘与看企业项目开发环节中的手绘表现要有不同的心态与理念，自己在练习的过程中必须注意这一点；设计师成熟的过程也是从天马行空的想象力到一次或多次的快速贴地飞行过程，创意是绝对的，表达的方式与手段却是相对的，毕竟任何设计师的成长过程是从粗放型的过程转向集约型的过程，从肆意的过程转向节制的过程，这章所主要讲述的就是这个过程，希望对大家有所帮助与启发。

7.1.1 新产品开发的基本流程

要学习企业真正的设计开发项目中的手绘表现，首先得了解企业项目开发的意图与目的，只有这样，我们才能真正全面地体验与把握产品开发流程。

新产品开发的成功与否直接关系到企业的长远发展。设计管理的核心是新产品开发，因此，企业要拥有优秀的设计管理，使新产品成功推向市场并被消费者所喜爱。这不仅能给企业带来利润，还能巩固企业在市场上的良好形象。

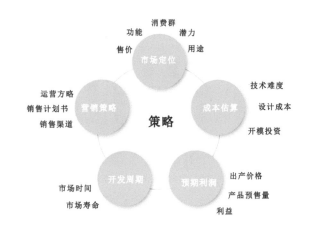

市场营销学中所指的新产品概念不是从纯技术角度理解的，不一定都指新的发明创造，其内容要广泛得多。从市场营销学的角度看，凡是企业向市场提供的能给顾客带来新的满足、新的利益的产品，即视为新产品。大体上包括以下几类：新发明的产品、换代产品、改进产品、新品牌产品（仿制新产品）、再定位产品、成本减少的产品等。企业新产品开发的实质是推出不同内涵与外延的新产品。而对于大多数企业来讲，主要是改进现有产品而非创造全新产品。创新是企业生命之所在，如果企业不致力于发展新产品，就有在竞争中被淘汰的危险。努力开发新产品，对于企业的生存发展有着极为重要的意义。

市场竞争的加剧迫使企业不断开发新产品。企业的市场竞争力往往体现在其产品满足消费者需求的程度及其领先性上。特别是现代市场上企业间的竞争日趋激烈，企业要想在市场上保持竞争优势，只有不断创新，开发新产品。相反，则不仅难以开发新市场，而且会失去现有市场。因此，企业必须重视科研投入，注重新产品的开发，以新产品占领市场，巩固市场，不断提高企业的市场竞争力。

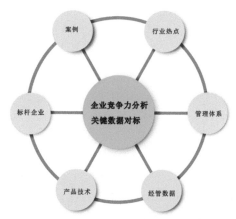

产品生命周期理论要求企业不断开发新产品。产品在市场上的销售情况及其获利能力会随着时间的推移而变化。这种变化的规律就像人和其他生物的生命历程一样，从出生、成长到成熟，最终将走向衰亡。产品从进入市场开始直到被淘汰为止，这一过程在市场营销学中被称为产品的市场生命周期。产品生命周期理论告诉我们，任何产品不管其在投入市场时如何畅销，总有一天会退出市场，被更好的新产品所取代。企业如果能不断开发新产品，就可以在原有产品退出市场时利用新产品占领市场。值得注意的是，在知识经济时代，新技术转化为新产品的速度加快，产品的市场寿命越来越短，企业得以生存和发展的关键在于不断地创造新产品和改造旧产品。创新是使企业永葆青春的唯一途径。

产品生命周期示意图

7.1.2 新产品开发的概念及分类

在当今企业激烈竞争的环境下，大多数企业面临着产品生命周期越来越短的压力。企业要在同行业中保持竞争力并能够占有市场份额，就必须不断地开发出新产品，并快速推向市场，满足多变的市场需求。若新产品不能成功地占领市场，则将使企业丧失市场份额，最终失去获利能力和竞争优势地位。

产品开发与工艺选择是在企业总体战略指导下进行的。企业总体战略指明了企业的经营方向，规定了产品规划的原则，通过生产与运营管理，实施对产品的设计和制造，最后才能实现企业的战略目标。产品开发工作需要对产品系列、产品功能、产品的质量特性及成本、产品发展的步骤等做出决策。工艺是指加工产品的方法，从原材料的投入到产品产出，由多个工艺阶段构成制造过程，制造过程对于形成产品的功能、质量、成本有很大影响。这两项工作是生产运营系统设计的前期任务，对企业的经营效果影响很大，风险也很大，是需要认真考虑的。

企业的产品开发，就是指开发新产品。所谓新产品，就是指在产品性能、结构、材质、用途或技术性能等一方面或几方面具有先进性或独创性的产品。先进性是指运用了新原理、新结构、新技术、新材料产生的先进性，或是由已有技术、经验技术和改进技术综合产生的先进性。独创性是指运用新技术、新结构、新材料所产生的全新产品，或在某一市场范围内属于全新产品。

新产品按照其与现有产品相比的创新程度技术特性可以分为以下3类：派生产品、换代产品和创新产品。

派生产品（Derivative product）：主要指对现有产品采用各种改进技术，使产品在功能、性能、质量、外观、型号有一定改进和提高的产品。

换代产品（Next-generation product）：主要是指产品的基本原理不变，部分地采用了新技术、新材料、新的元器件，使性能有重大突破的产品。换代产品保证了企业利润的持续增长，而利润的增长又为产品更新换代提供了所需要的投资，从而保证了顾客对换代产品的持续忠诚。

创新产品（Breakthrough product）：主要指采用科学技术的新发明所生产的产品，一般具有新原理、新结构、新技术、新材料等特征。

在创新产品的开发中，管理层必须意识到开发流程的重要性，创新产品对企业保持持续的竞争力是相当重要的，因为随着竞争的加剧以及环境和技术发展的巨大压力，企业现有产品总会过时的。因此，创新产品不仅能够使企业在现有市场上获得成功，也能够在新的市场中获得成功，从而创造更长远的未来优势。

现在的京东众筹、淘宝众筹、点名时间众筹为设计师开辟了广阔的展示空间，也颠覆了部分原有的商业游戏法则。

7.1.3 新产品开发的意义

随着全球经济一体化的进程，许多企业在市场中都要面对越来越多的来自国外对手的竞争。先进的计算机技术、通信技术、贸易壁垒的持续降低、运输业的不断发展都是使市场竞争越来越激烈的因素。全球激烈的竞争，全球化信息网络的形成，使得消费者希望市场能够不断地推出新产品和服务，而且这些新产品和服务的市场比以前更快地走向成熟，从而，使得这些产品更快地走向商品化，同时，边际利润更快地下降。飞速发展的科学技术，缩短了产品的生命周期，影响了产品和服务的生产和服务流程，计算机辅助设计（CAD）与计算机辅助制造（CAM）使企业大大缩短了产品的开发和制造周期，自动化技术对生产流程产生巨大影响，机器人的应用，降低了劳动力成本，提高了产品质量。于是，企业面临着前所未有的开发新产品和服务及相应的生产和交付流程的巨大压力。

巩固和扩大市场份额

随着新技术的发展和市场竞争的白热化，产品的生命周期开始变得越来越短。一个产品、一种型号在市场上畅销几年的时代一去不复返了。因此，企业必须审时度势，不失时机地开发新产品并快速地推向市场，才能在全球化市场竞争环境中更具有竞争力。研究表明，市场先入者凭借先入为主的优势占有市场份额，相对于从竞争对手中抢夺市场份额要容易得多。在市场上，谁开发产品快，谁就掌握市场的主动权，就能在竞争中处于有利地位。反之，则处于不利地位，面临丧失市场的危险。

开拓新的经营领域

开发新产品，打开新的经营领域是企业竞争力的要素之一，企业在单一产品方向上开发新产品和系列产品虽然可以扩大生产规模，但是，单一产品的市场容量毕竟有限，这样就会限制企业的发展。因此，就需要企业通过开发新的产品进入新的领域，寻求新的发展空间。世界上规模巨大的跨国公司几乎都涉足许多行业，不如此难以形成规模。开拓新的经营领域还可以提高企业抵御市场风险的能力。在市场经济中，各种商品的发展程度是不平衡的，并且具有很大的不确定性，有的产品可以有较长时间的稳定需求，而有的产品市场需求却十分短暂。

海尔公司的HOPE创新平台嫁接了设计师的创业梦想，提供了一个不错的商业舞台，而以三星、飞利浦为代表的多重跨界企业更需要工业设计上的诸多创新。

7.2 企业新产品创新开发过程中的手绘表现

7.2.1 新产品开发的基本流程

本节所讲的新产品开发是淘博设计自主开发的创意小产品，通过详细的案例分析希望能给同学们一定的启示。

在尝试做创新产品的过程中，需要的是设计师的总体表现与执行能力，总体表现在从初期的产品选择、产品调研及专利查新，以及实现新产品需要的零部件查询与购买、初期原型机的验证、后期草案构件与最终模型的选定、样品制作与专利申请、后续产业化所需的各项工作。

无论小产品还是大产品，对于设计师来说，基本上是下图所示的过程，也是作者自己尝试做产品的基本心理体验过程。功能性创新的小产品选择的是我们最常见的烟灰缸产品，项目最初想法来源于自己想做个成本不高但适用性及应用范畴广泛的电子礼品，且这个礼品能借助自己现有渠道来开发及营销。这样有实际产品的落脚点，也有了借力的"市场渠道"。其实任何设计创意的初始状态都是朦胧模糊的，需要时间来感悟与沉淀，从而在设计的过程中不断地提升与完善想法。

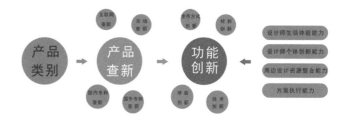

互联网时代最大的好处就是一目了然，不出户门就能对一个工业产品的总体面貌有60%~70%的理解度，如烟灰缸的创意想法，可以通过淘宝、京东、苏宁电器及阿里巴巴等各类电商平台进行查询，非常有利于帮助设计师了解相关产品在该平台流通的产品面貌。

通过淘宝查询，可以基本上得到市面上应有尽有的产品，分不同材质、关键词等信息。

通过淘宝或京东等平台搜索关键词，可以得到产品尺寸、材质、价格、销量等情况，且产品详情足以说明产品的特性、用途，因此对同学们来说，这是个非常好的市场调研方式。关于产品价格这块，可以查询阿里巴巴等商务平台。

在初始的市场调研中除了调研产品本身，知道各类烟灰缸的功能、形状、材质、用途等，另外可以调研产品周边的产品，如储物盒、各类打火机、LED迷你照明灯具、蓝牙音箱等。

通过淘宝查询，基本上可以找到市面上各式各样的烟灰缸，可以看到总体价格、销量，而关于批发成本则可以去阿里巴巴批发平台查询，也基本可以查询到出厂价。

通过市场调研，得到市面上大多数的点烟器与点烟方式，并通过原理查询，可以知晓其元器件构成。反之，通过元器件构成，可以知道其大致的制造成本。

　　至于烟灰缸可能涉及的材料工艺有密胺压铸、铝压铸、不锈钢冲压、树脂成型、陶瓷、玻璃切割工艺等，具体的工艺方式可以找各类文献及工艺视频材料等，通过大量的阅读，做到对可能涉及的材料有深刻的理解，光有了理解还远远不够，要看各种工艺成本、制造成本、性价比等问题，这个工作对于设计师来说也可以通过阿里巴巴平台查询。

　　传统烟灰缸都是以造型为突破口的设计开发，经过时间的洗礼，市面上的产品面貌开始变得极其相似，而对于这个使用范围极广的产品来说，如何通过科学的技术方法对其进行产品升级呢？是否可以组合打火机、蓝牙、充电宝等功能呢？

　　因此市面上开始出现车载智能点烟器产品，给人耳目一新的设计感觉，通过电子USB电阻加热的方式开始大行其道，至于原理，我们可以猜、也可以通过网购的方式对产品进行拆卸分析。

车载烟灰缸是当下集约电子化程度较高的产品，将LED灯具、点烟器集合而成的方式。

　　通过外围资料的查询及相关元器件的购买组装后，可以得出很多设计方案或设计结论，而验证自己的创意是否独特，则还需要经历查新环节，查新环节主要是对各种专利知识产权的查询。

进入相关网站进行专利查新，这类主要是查国内各类知识产权专利

　　可以通过国家知识产权专利查新，查阅更多产品组合的可能性，因为专利反映了该产品在国内比较全面的创新情况，所以大家在做设计的环节中，应该非常注重专利查新，还有就是通过学校的一些论文库查新，全面了解产品的"今生前世"。

　　烟灰缸存在的历史比较悠久，非金属类、树脂类或密胺塑料类的烟灰缸更多讲究产品的个性化与价值感，主要偏艺术性的呈现方式，看上去也比较有价值感；工业化批量生产的烟灰缸相对简洁，现代化风格明显，无论是手工艺烟灰缸还是基于现代制造业的烟灰缸，基本上功能单一，对于此次项目来说，更多的借鉴侧重点还是在产品的造型上。

通过烟灰缸的查询，我们主要可以得到近400多条的各类专利信息，我们主要查询发明专利、实用新型专利。

　　通过烟灰缸的专利查新，特别是注重对发明专利、实用新型的专利查新，我们得到很多有关信息，而这些信息则是我们创新的参考与依据。

　　如果我们的设计创新通过各类专利查询，发现自己的设计创新在各类专利查新过程中处于空白，那么我们的产品就具备实用新型专利的申请基础，而实用新型是各类专利保护里最常见的专利保护类型。

7.2.2 新产品开发的手绘前期表现

在产品设计开发过程中，前期手绘的作用主要是记录现有产品的使用方式，而对于形体尽量无视，这样可以有效规避繁杂的信息，而将更多的关注集中到产品具体的实用过程中，如与烟灰缸相关联的香烟点烟的过程、搁置烟灰的过程、放置香烟的过程及湮灭明火香烟的过程，还有就是此过程中各个有效信息的整理，这个过程可以以放松的心情边画边想。

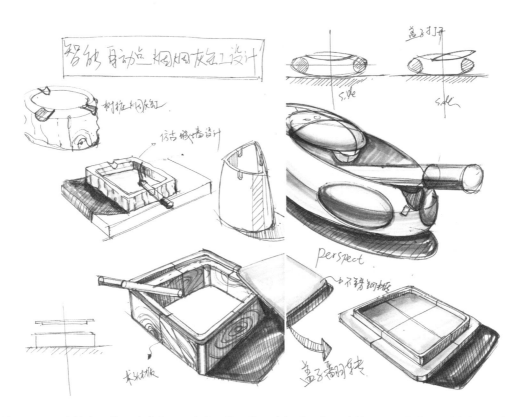

　　前期手绘主要还是找状态，找设计感觉，围绕产品使用核心来拓展，如一味拘泥于具体的形式材质，会陷入狭小的设计空间，这样的设计看上去片面不大气。

　　逐步通过手绘表现出设想的各个使用场景，趣味兼具实用功能的、防风的、仿生的、大容量的、对烟产生吸附的等；通过对现有点烟的方式进行原理性的绘制，将这些方式与烟灰缸进行有效结合，"拉郎配"式的设计方式是设计中常见的手法，其难点主要是结合的自然性问题，否则硬邦邦的，1+1模式是没有任何设计感的。

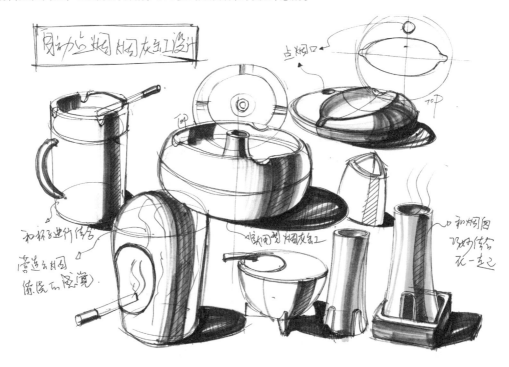

最初能想到的是点烟器+锂电池供电+充电宝功能+烟灰缸功能，这种设计简单合理，但是这种车载点烟器用电阻丝加热的形式非常耗电，另外就是容易掉落，这种点烟器的余热对身体容易造成较大的伤害，因此无论从实际使用的可能性还是锂电池的供电时间限制上，该方式只能成为备选方式，而不是结合的有效方式。

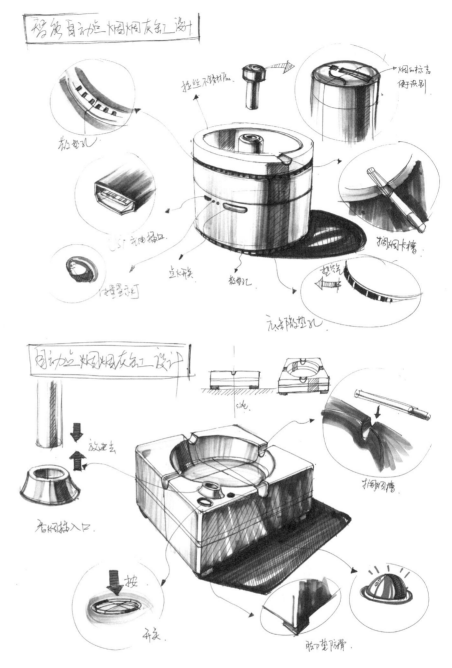

这两个设计方式也是基于锂电池供电加热模式，主要将现有流行的**USB**点烟器里的电阻加热模块与烟灰缸结合，因为这种发热片比较轻薄且耗电量少，因此可以成为重要的功能方式介入智能点烟烟灰缸设计里，但通过实验，点烟器能顺利加热变红并对香烟产生一定的点燃效果，但不足以让香烟近似常规点烟器点燃的效果。

通过对现有打火机加热点燃的方式研究，发现除了有点烟过程，还伴随吸烟的过程，而这是现有的各种流行点烟器不具备的功能，也是相对的产品缺陷。

如何解决这个点烟自动化的过程呢？通过团队的讨论，选用底部小型风机吹的方式加速点烟口位置香烟点燃的过程，且需要设计合理的风道。这些过程是不可能用手绘能得出结论的，也不可能是用计算机三维软件得出的效果，而是需要具备一定电子知识的动手制作能力，通过用加热的油泥进行风道的塑形，将点烟电阻丝模块与小风机形成一定高度的密闭空间，然后用锂电池供电的方式进行实验，得出合理的加热时间，以及风道的高度和大小。

7.2.3 建模渲染及后期结构设计

通过草图或效果图绘制，并将其转化成合适的三维模型，后期可以通过树脂的CNC（Computer Numerical Control数控机床的简称）加工或3D打印机进行产品打样，这种过程可以完整地检验设计创意与实物之间的差距，而样机则是真正呈现在观众面前真实的实物感受。

可以通过计算机三维软件对产品进行设计开发，得到基本的产品样式，产品大模块分3层：第1层为积灰层，可以与整体脱离，主要为了方便清洗，材料可以用密胺、铝压铸、不锈钢冲压等工艺；第2层主要起到承上启下的作用，主要还是与第3层形成一个密闭的空间，将电子模块等放置在里面，内容物细节主要就是原型机基础上细化出来的点烟口、按钮、USB充电口、指示灯等模块。

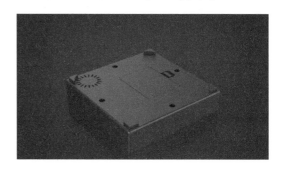

7.2.4 新产品效果图手绘表现

当烟灰缸功能部分得到基本验证后，就是对方案的外观造型进行设计，基于这样的功能模式及前期的草图方案细化，最终得到简洁、实用性最强的设计方案进行草图绘制。

经过各类手绘效果图绘制后，再通过计算机三维软件将产品变成效果图，方便最后选样制作。

在真正的设计过程中，无论是三维建模还是其他实物制作，都需要反复斟酌，如通过实验过程所得的风道大小、高度、锂电池的容量大小、尺寸，点烟口的大小、深度，按钮的位置及防水性、指示灯选择、USB口位置、烟灰缸积灰深度等，都需要反复修改，修改的过程必须打样，因为三维模型是很难有具体使用感受的；在这个反复的过程中，会发现点烟的精确时间由小风扇的风力与电阻丝持续热度决定，点烟口的直径与香烟直径的关系是关键点。另外就是烟灰缸的香烟卡槽，之前以半圆形的方式设计，实际过程中因为边缘较窄、卡槽过浅，香烟并不能稳当地放置，因此在真正企业的产品开发环节中，这些看似轻松方便的设计点，却是开发过程中需要重视的环节。

只有通过多次打样验证后的产品才适合后期开模加工。因此所有的工作都必须做在前面，产品样品制作完毕后仍需要不同使用者使用，提供各项建议，以待后续修改。

样品制作完毕后，后续就是选择材料的过程，与这个过程相对应的就是品质与价位，还有相应的模具费用。这个时候需要对产品所有的零部件以列清单的方式列出来，如各个产品的尺寸规格、模具成本、电路板成本、锂电池成本、包装成本、零部件成本及加工成本，并反复对照市面相关产品的价格进行对比定价。

在产品开模具的同时，将产品包装设计完成，将产品详情页完成，将产品视频动画广告完成，将未来推向市场前的色彩、表面水转印图案或热转印图案方案定下来。

项目小记　类似该项目创新的产品非常适合设计师自己动手设计、制作并投产销售。这种巧、小、实用的小产品可以是设计师成为"极客"的开始，不高的开发成本与现在火热的众筹能有很好的衔接。懒人设计、科技化是对于原有产品进行改造升级的重要手段，无论是同学还是设计师，能通过完整产业化项目案例来检验自己的整体能力，是非常好的环节。DIY其实就是设计师迈向社会工作或创业的必经之路。

7.2.5 新产品的专利申请

此前通过国家知识产权的查新，可以获得很多有效信息，因为此案例是小产品的局部功能叠加的实用创新产品，因此可以申请实用新型专利。

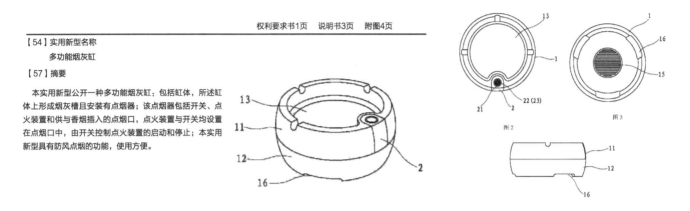

权利要求书1页　说明书3页　附图4页

【54】实用新型名称
　　多功能烟灰缸

【57】摘要

本实用新型公开一种多功能烟灰缸：包括缸体，所述缸体上形成烟灰槽且安装有点烟器；该点烟器包括开关、点火装置和供与香烟插入的点烟口，点火装置与开关均设置在点烟口中，由开关控制点火装置的启动和停止；本实用新型具有防风点烟的功能，使用方便。

申请专利一般比产品真正投入开发生产要早一段时间，基本上属于未雨绸缪状态，主要侧重核心功能部件及原理的申请，至于尺寸上的后期变化影响不大。当下基本所有的企业或研发部门对这个过程越来越重视，知识产权正成为新时期竞争的核心模块。

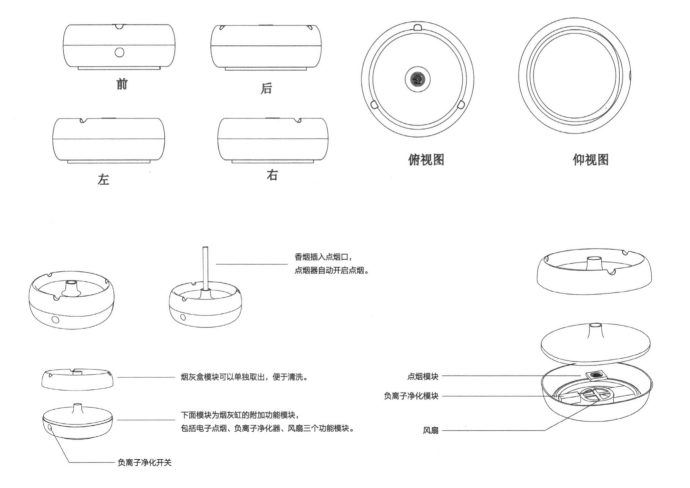

7.3 企业新产品改良开发过程中的手绘表现

7.3.1 新产品改良的基本意义与流程

新产品改良与新产品创新开发是企业常用的方式，也是通用的方式，正常来说，产品改良的时间进度与见效是最快的，因此是企业最热衷喜欢的方式，我们常常称之为"造型"设计，更简洁美观的设计方案、更低的制造成本、更轻便的实用方式是造型设计的核心，某种程度上来说，产品改良是产品的"美容"或"整容"。接下来主要还是以具体案例来呈现，基本过程用右图的形式来呈现。

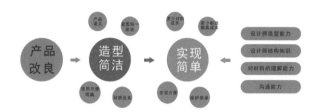

7.3.2 塑封机新产品改良的基本情况

塑封处理是由涂有热熔胶的聚酯膜，通过胶机的加工将被封物品黏合在塑料膜之内，由于加工过程是在一定的压力和高温下进行，而且采用的是高质量聚酯膜和透视度很好的热熔胶。

塑封机又叫过胶机只是各地的叫法不同而已。随着塑封技术的发展，特别是塑封机技术性能的提高，为图片和其他制证行业的应用提供了条件。近年来，由于制证行业的规范化管理，一些具有规范性、法律性的大型证件如工商营业执照、税务登记证、经营许可证、卫生许可证等为达到防涂改、防伪造和长期保存的目的也纷纷采取了塑封这种最有效的方法。在图片行业，由于塑封成本不断下降和通过塑封所达到的良好直观效果。也为民品市场的发展创造了良好的条件。以南方沿海城市看，对彩色照片进行塑封已非常普及，解决了照片在南方潮湿气候下不宜保存的问题。目前塑封技术的应用已扩展到广告制作、标本制作、礼品制作、证件制作等行业。

塑封方式有热塑和冷塑两种。热塑是利用多段式温控，滚动加热方式产生高温对塑封膜和资料页进行定型处理。冷塑是采用带有黏性或磁性的塑封膜在不需要加热的情况下对塑封膜和资料页进行定型处理。

通过前期的资料初步收集，得到初步的设计感觉，即现有产品的外观造型基本由所成型的材料决定，一种是钣金件构建的外观，这种外观基本上通过钣金折边完成，因此造型基本上比较硬朗及材料质感明显，控制按键部分也基本上用机械按钮为主，贴膜的或热敏按钮的较少；而另外一种则是由塑料来构建的，这种造型自由度及变化性较多，是当下常用的一种方式，并在造型上与现有的打印机无限靠近。

通过市场调研发现，适合家用的外观基本上还是得用塑料类的产品更为适宜，钣金类的产品更多适合文印办公等场所；相比塑料类的塑封机外观比硬朗方正的钣金类产品更加简洁，看上去科技感也更加强烈。

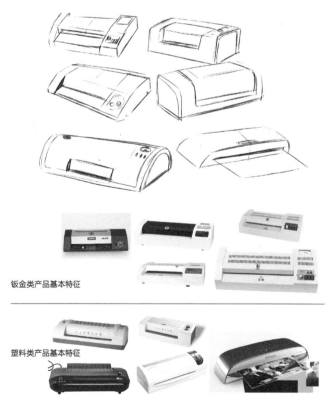

钣金类产品基本特征

塑料类产品基本特征

7.3.3 塑封机新产品的改良外观手绘表现

设计前期是漫无目的的记录探寻绘制，这种绘制的方式主要是对产品大体模块的探讨与求解，目标就是如何化解在实现产品功用的前提下呈现创新简洁的外观。

另外就是基于最简洁的装配关系及用最少的模具达到最好的美观程度，且看上去价值感比较强烈，这种方式是当下普遍约束成本情况下做极致改良设计的核心。

草图方案一：此次产品开发的核心是少模具、少装配，那么在有限的前提下基于外观造型实现上下分模，并突出一定的方向性。

草图方案二：核心思路不变，突出大斜面，考虑进纸台与出纸台的设计语义，产品总体上简洁却有细节变化。

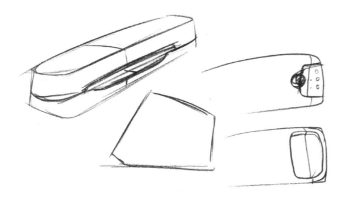

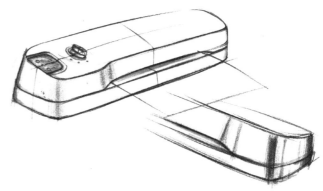

草图方案三：核心思路不变，突出有渐变面变化的大斜面，考虑进纸台与出纸台的设计语义，在细节上做局部差异化特征。

草图方案四：核心思路不变，突出产品的速度效果特征，用象征速度的造型趋势来体现产品的某方面特性。

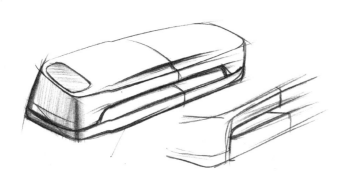

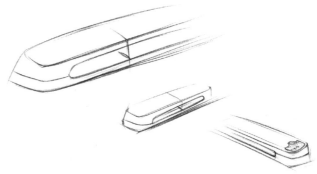

7.3.4 塑封机新产品的改良外观建模与渲染

通过前期的造型设计探讨, 得出一些基本的结论, 但有些细节用手绘是很难完全表达清楚的, 在实战过程中需要用优质的渲染效果图来呈现, 这里建模过程就不做探讨, 主要呈现外观求解结果。

最终方案选定: 根据前期的思路与特点规则, 获得最终需要建模的初步方案。

将初步方案进行润色, 这样基本上就成了常规设计的手稿方案。

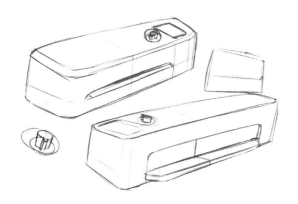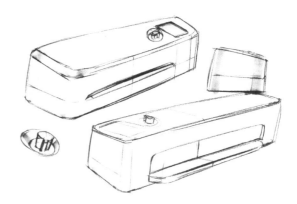

后期通过工业设计常用的犀牛软件进行建模, keyshot进行渲染及后期Photoshop进行细节贴图修改, 就成了可以提案的设计方案, 最终将草图方案与效果图方案进行最终规整成一个PPT文件, 就可以去企业提案了。

通过整个过程及最终结果的对比, 发现相比原有的产品造型, 本系列案例所呈现的结果在造型上特征明显, 简洁实用, 指令性按钮效果对比及大斜面的语义处理外加最简洁方便的上下模特征, 让产品具有了更好的性价比优势。

近似此类案例的设计求解是需要一定时间的, 所求解的也不一定是最完美的, 只能说是在某一规定时间或时期内对该产品做出较好的解答; 外观改良永远不会有最完美的答案, 在当下快速的 "商品废止制" 下的产品快速更新, 优质的设计只是拥有更长的寿命而已, 最终会被后面更完美的方案超越, 常规性功能会被越来越智能的产品功能超越, 无论哪种超越, 导致的最终结果就是需要新的造型方式来呈现。

改良的外观最终能申请的是外观专利, 在做的过程中也需要通过相关专利审查进行核对, 从而规避产品投产前的风险, 总体上来说外观专利往往又是与实用新型等专利互为结合补充的。

7.3.5 塑封机新产品效果图手绘表现

step1 绘制塑封机产品所需上色的基本轮廓。

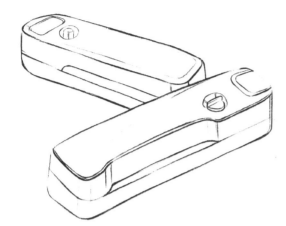

step2 初步上色，绘制一定的明暗与光影关系。

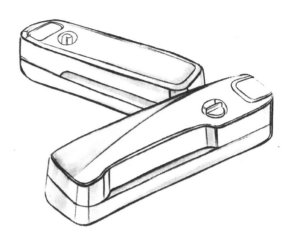

step3 加强色彩表现，突出产品的质感和特征。

step4 绘制背景色，添加logo等信息，完成产品效果图绘制。

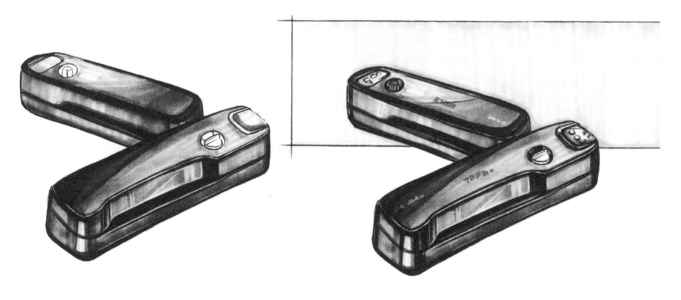

INDUSTRIAL

product design 工业产品改良开发快题设计

8.1 快题设计的作用与意义

上一个章节的内容主要讲述了企业开发流程环节中的手绘表现，主要侧重流程；而这章则是对前面章节的补充与说明，主要侧重设计师与设计师之间的沟通与交流，设计师与甲方之间的沟通与协调。因此选用了不同方向的案例快速诠释产品开发环节中的手绘表现，基于篇幅的限制，只能以梗概的方式将问题点明并以效果图、实际结果等方式进行呈现。

在实际项目设计中，快题设计是工业设计手绘中很重要的环节。快题设计的时间快则几秒，慢也不会超出两个小时，也就是正常情况下不超过两节课程的时间。快题设计的过程主要是绘制产品原型，然后基于原型发挥创造想象力做出快速设计反应，快题设计是产品设计最初的形态化描述，是设计者创造性思维最活跃的阶段，产品设计雏形就是从这里产生的。快题设计要表现出原创性、灵感性、活跃性和设想性，是一个设计的想法，或者是一个抽象的见解，一个具有形态与结构的表现形式，通常以速写为载体。基于这些因素，设计师之间或设计师与甲方之间形成一个互动的、快速的沟通平台。

快题设计表现虽然与速写很相似，但两者实际所表现的内容是有区别的。速写注重表现形式和技法的训练，而快题设计更注重构思和创意。快题设计一般是有设计命题的，不仅是对产品外部形态的原创速记，还必须对新产品的内部结构进行分析记录。所以，快题设计可以是新产品的设计创作草图，也可以加入图表、文字、形态并作综合解释说明。

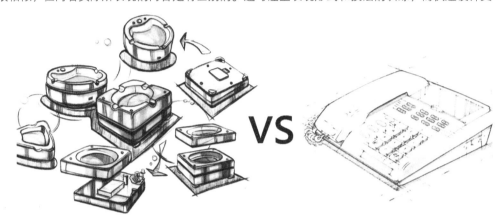

快题设计与速写最大的区别就是绘制的重点方向不一样，快题设计注重对产品功能基础上的绘制，而速写主要是对现有产品的记录，不具备创造性。

快题设计对培养学生和设计师的创造力和表现力起着重要作用。快题设计是各门专业课程学习时必须掌握的交流语言和设计语言。快题设计的锻炼可以让我们在计算机时代依旧可以做到手脑并用，将设计构思与产品设计同步地表达出来。快题设计对于计算机三维建模、设计竞赛、毕业设计、考研就业以及将来进入企业、机构面对客户交流都十分重要，它能展示设计师的创新能力、手绘表达能力，因此同学们必须要重视并且刻苦训练。

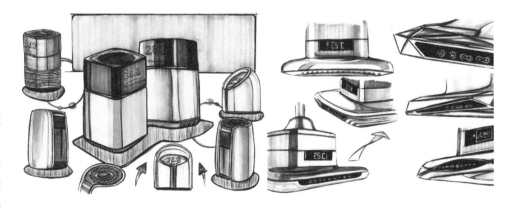

快题设计在设计实战过程中非常重要，通过概念快速手绘，就可以相互交流各自的设计理念与设计感觉。

8.2 产品开发快题设计实例

8.2.1 呼叫器产品开发快题设计

快题设计的基本内容：产品现状调研、设想新产品的使用功能、绘制产品造型（草图）、最终效果图绘制。

产品前言：基于互联网技术和智能软硬件的成熟对现有产品做一次技术革新，通过对硬件、软件和产品外观的升级设计一个创新产品。APP软硬件项目难点在于软硬件的开发，优点在于投入批量生产后，凭借产品的优良功能和比较低的成本可以获得高额利润。

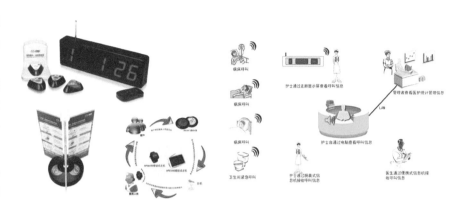

通过对现有产品的市场调研及具体实现需要的相关技术参数调研，了解设计对象的技术条件与应用范围。

产品用途：主要应用场所为娱乐酒店场所、医疗呼叫定点服务。继承原有信号呼叫的方式，并加入一些实用功能，如语音通话对讲、计时计费等服务内容，前期投放的市场主要为娱乐会所。

产品应用的基础：要基于WiFi环境，产品大小要符合手的人机工程学，产品呈现的方式可以是平躺、直立、悬挂等，但最终一定要选择最为合适的造型方式。产品需要有APP后台，与后台计算机无缝衔接，有用户体验流程设想及UI界面设计。

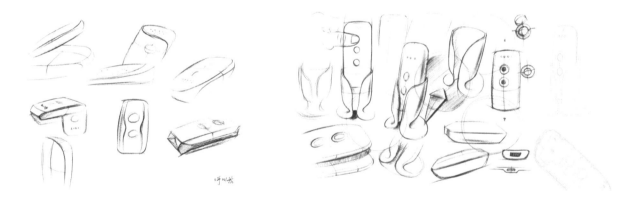

新型立式呼叫器的设计改变了原有的形式，也改变了原有的功能方式，增加了呼叫功能，变成了可以对讲的小型设备，并在这个基础上添加计时计费等功能，从而形成从里到外的工业设计产品创新。

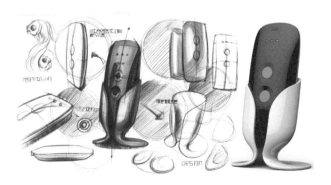

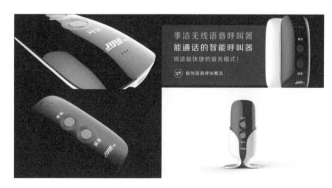

8.2.2 基于PI基础的系列产品开发快题设计

　　PI（产品识别）与**VI、CI**等近似，主要讲述产品识别特征的形成，PI是当下工业设计开发的主流方向，如我们能轻易辨认苹果手机、飞利浦产品、布朗产品及各类一线品牌，这都与PI有很大的关系，我们通过手感、触感、视觉感等方式对这类产品逐步形成惯性的理解，并被这种方式深深吸引，从而成为这类公司的产品"粉丝"。因此，在做工业设计开发的时候，绝对不能仅仅认为PI是外观创意等方面简单形成的视觉方式，假如这样，工业设计仅仅剩下的就只是造型工作，而缺失了更深层次的设计意义。

　　PI的核心在于对产品进行改良创新后形成崭新的外观形象，从而给用户以更方便、新颖的体验，因此本案例的财务装订机产品改良设计，不仅仅是外观形式上的创意，更是功能结构上的提升。为了让初学者更容易理解，本案例尽量呈现开发的理念、思路、过程及结果。

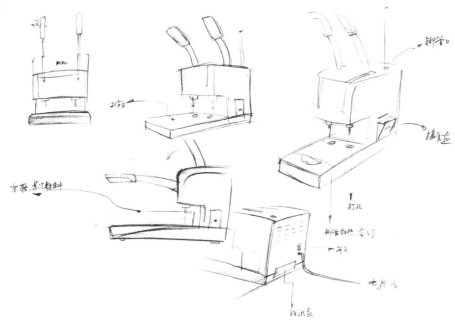

　　财务装订机主要用于对财务凭票的装订，常见的装订方式是先进行打孔，然后通过铆接将财务凭票进行装订，这种方式改变了原有的通过手钻孔后用线进行装订的烦琐过程，新的装订方式更加符合用户与市场的需求。

　　此次对财务装订机进行了新的改造升级，通过结构上的创新设计降低了产品的成本并提高了产品的性能，更为关键的是通过技术改造与外观升级，产品在不降低性能参数的同时将体积与制造成本降低了10%~20%，而且产品更加精致，更适合家用办公中的财务装订工作。

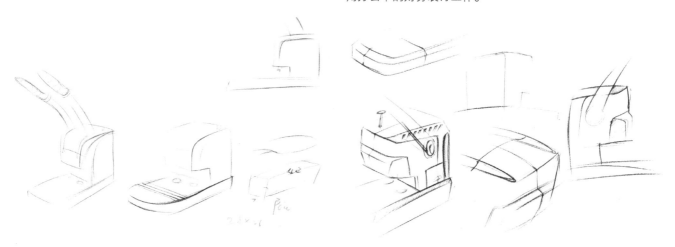

在产品改良的过程中，因为内部的结构创新比较复杂就不做过多说明；在外观设计上，尽量使用新的设计语言达到产品造型创新的目的。

右图是对产品形体模块的确定及完善的细节设计处理，力求通过统一的设计语言重塑产品，从而达到由内到外的创新效果。

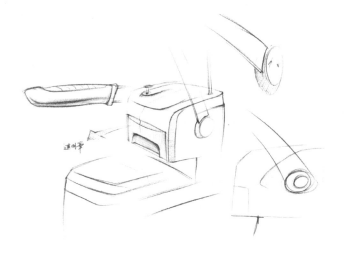

下图是产品升级后的效果图手绘表现，在色彩上、材质处理上需多加考究，最后用计算机进行三维模型的创建和渲染，后期的设计实现这里不再细述。

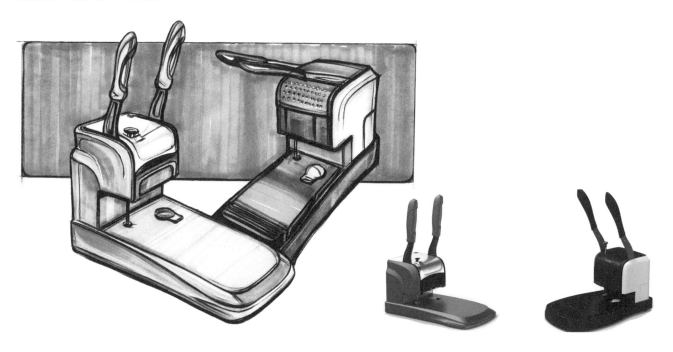

小记

本项目最后投入生产，被得力和齐心两家国内最大的文具公司采用。在整个产品的设计过程中，快题设计发挥了巨大的作用，如设计初期用手绘表达大致的内部结构创新方式，以及与客户的交流过程，因为有具体的图文表达，才不会导致"盲人摸象"或"鸡同鸭讲"的反面效果，从而大大提升了前期交流的速度，通过意见转换确定新的结构方式。在做造型设计的时候，手绘依旧发挥了巨大的作用，通过大量的草图绘制，得出相对吻合的手绘方案，最后才能顺利地进入三维建模阶段。

因此在整案提交呈现的环节中，手绘起到画龙点睛的作用，可以详尽地讲述自己的设计理念与创新方式，从而为后期的顺利进行打下良好的基础。

8.2.3 电动搬运车产品开发快题设计

快题设计的基本内容： 现有叉车的造型特征绘制，方案随想、方案筛选及最终方案绘制。

该项目流程与结果被"**Billwang** 工业设计论坛 > 工业设计区 > 计算机辅助工业设计"收录作为置顶的主题展示。

电动搬运车主要通过铅酸电池为动力核心驱动搬运车，相比柴油搬运车，铅酸动力搬运车具有体积小、价格低、便携实用等特点，在各类仓储空间及各大工厂广泛实用。由于原有产品采用玻璃钢技术工艺制作机械零部件的壳体，造成每家公司的产品基本相同，产品相似度高产品形象差异化程度低，非常不利于企业的品牌推广及产品品牌形象的建立，因此升级产品的难点就在于壳体材料的选择（升级后的产品选用塑料材料作为壳体），主要成本在于模具费，优点则在于可以用塑料模具的特色，改变原有产品的造型形式，因此设计可以更加自由、准确，非常有利于产品外观形象改造。

基本过程： 电动搬运车、叉车等相关品牌市场调研→造型特点特征分析→辅助造型细节分析→草图构想→最终稿→产品建模及渲染。

这里因为篇幅的原因，截取了基本流程，从产品的各个要素讲解开始到现有知名产品的造型特征分析，再到各个公司的产品意向尺度图，最后到标准色色彩规范等内容，为产品后续的设计提供外围参考。

对与产品相关或近似度很高的产品进行市场调研，也是为了全面把握产品造型，让后续绘制的造型不至于偏离整个行业的特征，并通过对产品独特的特征表现，让产品能够在众多的搬运机械中脱颖而出。

快题设计从草图绘制开始，先分析产品的基本构架与相关模块组合，然后开始后续的产品手绘，尝试找找设计感觉。

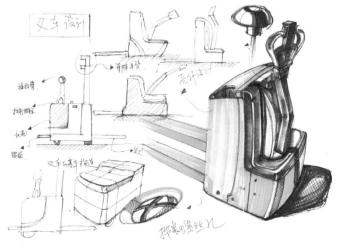

不同型号、功率的搬运车体积不同、结构方式也不同，因此反映在外观上也是不同的，完成对产品的前期设计分析后开始大量的草图绘制，草图绘制过程其实也是零部件规整秩序化的过程，然后再用明显的凹凸起伏面特征统一形体，从而达到特征明显的目的，这也是这类产品快题设计手绘的核心，避免了"走马看花"般地临摹，从而可以更加符合行业特征，使产品最终呈现方案既有行业特征又有明显的差异化。

此类课题适合团队作战，团队作战的方式是几个同学或几个设计师协同绘制，这样可以呈现更多的设计理念，可以通过方案碰撞得出更优质的结论。

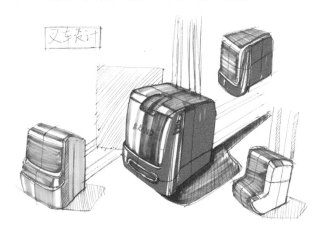

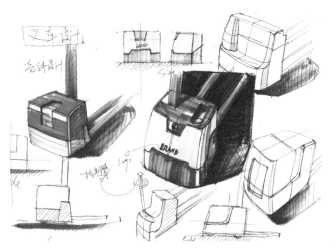

虽然外观设计更多的是偏重感性，没有确定固定的最终答案，但其还是有讨论交流后留下的一个设计区域范围，这也是设计指向性逐步明确的过程，这个过程通过快题式的碰撞大大加快了设计过程，反之我们可以想象，如果所有的设计设想过程都用计算机三维建模，那么我们的开发时间将大大拉长，并不适合当下快速应变式的设计开发。

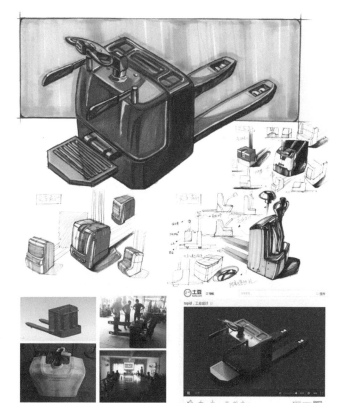

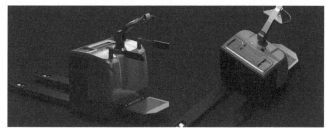

 小记 最后产品投入生产，得到市场积极反应，同时改变了公司原有陈旧的产品形象，快题手绘在设计过程中起到排头兵的作用，对于这种比较大型且稍微复杂的产品特别需要手绘做前期的设计。

主效果图绘制过程解析

step1 先绘制基本轮廓，然后通过粗细对比强调产品各自的模块特征及亲疏关系。

step2 完善产品细节，让各个位置特征更加明显，方便后面上色。

step3 细化明暗关系，拉大明暗对比，让产品效果图基本确定。

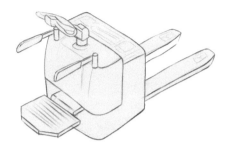
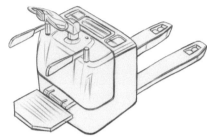

step4 初步上色，主要区分色彩和基本的明暗。

step5 强化明暗，暗部高光可以用浅色色粉或彩铅弥补。

step6 用高光笔、白色水粉等进行提亮，并添加暗部的反光与明暗分界线，让效果图各种对比更加丰富。

step7 添加蓝色背景，完成整幅效果图绘制。这种效果图可以成为宣传材料上的一大亮点。

8.2.4 吊顶式空气净化器产品开发快题设计

项目基本情况： 下拉式吊顶空气净化器开发设计，主要应用场合为娱乐会所（麻将室）、餐饮家居环境。

作者设计团队设计的"行业爆款"吊顶式空气净化器产品，创新性的地方有感应式超静音无级调速、首创LCD显示、可调节灯光等诸多行业领先且实用性很强的功能。

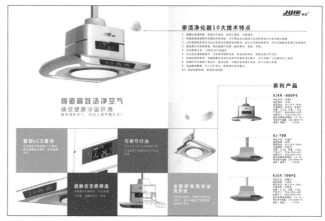

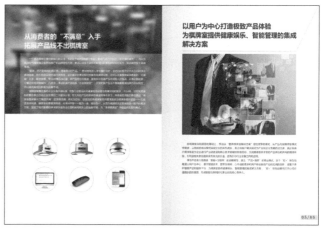

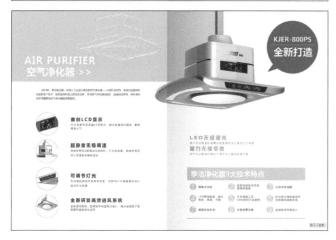

主效果图绘制过程解析

step1 首先绘制基本轮廓，注意各自的体量关系。前期如果能准确绘制轮廓，那么后期三维建模的空间感觉则会比较准确。

step2 在绘制准确轮廓的基础上加入各个细节，并将主要轮廓线描粗，让产品更加立体，细节更加丰富。

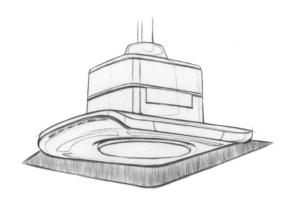

step3 将各个面的明暗区分开，初步形成有一定光影质感的效果图。

step4 继续强化光影明暗，让质感更加清晰明了。

step5 加入屏幕、logo等细节处理，增加画面的可看性。

step6 添加背景，细化细节。后期可以用Photoshop将扫描稿进行后期处理，得到干净整洁的画面效果。

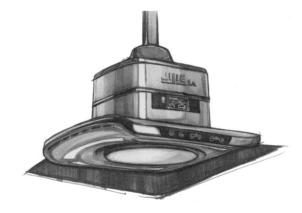

小记 该产品通过技术创新、外观创新得到市场非常好的反馈，产品投入当年，出货量就达几万台。产品的创新点有：烟雾感应式模块、智能除烟模块、轻薄的LED照明模块、数码显示模块、感应控制模块；造型上的创新点有：一体式设计，打破原有机械原型的产品造型设计，加入柔和的曲线线条设计，让产品得到整体性的提升，合理地排布数字控制显示模块、位置及角度安排都比较人性化。

后续延伸性设计方案快题设计

有了前面方案的落实，后续的延伸外观方案可以通过各种造型方式的切换，得出基于PI的工业设计开发流程，从而获得合理的设计方案。

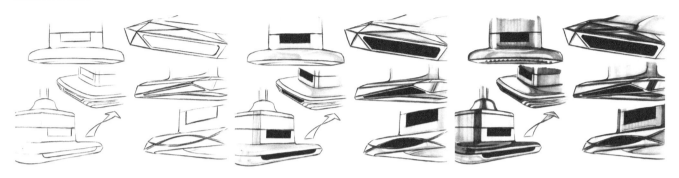

经历过之前多次的效果图绘制，后续会越来越轻松，而类似这种快题设计，主要强调产品的造型特征，方便方案的比较，规避色彩和光影带来的误导。

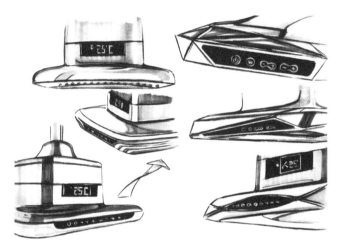

快题设计手绘方案在某种程度上可以代替产品效果图，且有手绘原汁原味的设计感，不仅适合设计方案，也适合产品详情页里的细节艺术表达。

产品最终广告投放样式

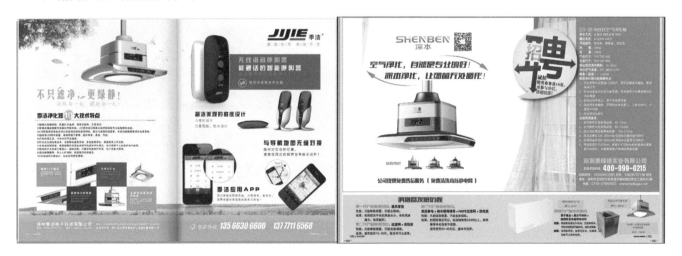

8.2.5 迷你空气检测净化器产品开发快题设计

项目基本情况：空气检测类产品是当下大环境下开发的热点，净化器也是，基于这样的背景，开发适合小空间的空气净化器有一定的必要性，而空气检测类产品则是可以大范围使用的产品，如何在确定的电路板硬件基础上做出适合的造型是本案例的关键。

step1 基于已有的电路模块、空气检测感应器、空气净化模块及数码显示屏模块进行合理布置，绘制各种草图。

step2 细化草图，绘制初步的阴影。

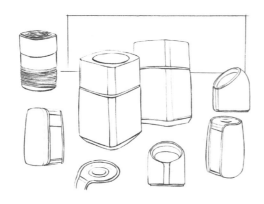

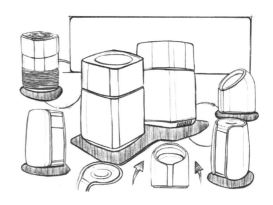

step3 基本上色，区分各自模块。

step4 细化细节，拉大明暗关系，处理反射光影。

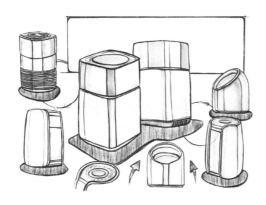

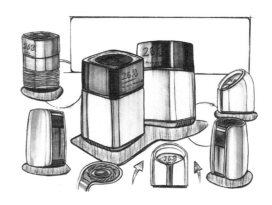

step5 添加背景色，完成效果图绘制。

step6 最终产品模型效果图。

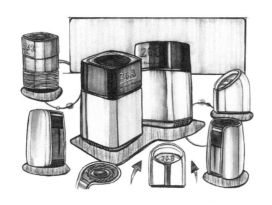

　　通过这种小产品的快题设计，有助于增加设计者的自信心，因为这种产品的跨度比其他限制性、指向性强的产品开发更加有乐趣，且这种小产品设计是很多设计师喜欢的题材。

8.2.6 机械装备类产品的系列开发快题设计

带锯床是浙江省丽水市缙云县的龙头产业，带锯床主要用于切割模具钢和块状材料，相比线切割带锯床有着很大的产品优势，线切割相对比较慢，但优点是精度比较高，切口不用后期过多地修改调整，而带锯床的优点则在于快速简便，不同型号的机型适合不同尺寸的模具钢，跨度比较大，而完成时间比较快，但后期需要其他的车系削刨床完成边缘的准确修剪，相对来说，带锯床对产品的损耗还是有较大影响的。

现有的带锯床有双立柱的，也有主辅双立柱油压升降的方式，通过主动轮传动轮带动锯条循环往复，并通过模块自重外加油压的方式对中间的模具钢进行锯条循环式切割，切割过程中采用水冲洗冷却及毛刷对锯条清洗的方式保证产品的可靠性。

现有行业的产品外观近似度非常高，主要的区别仅仅在于产品的颜色、主辅轮的轮盖造型、色彩色带等，产品虽然已经在行业发展了十多年，基本上还是处于初级的工业设计状态。

GY4035 卧式带锯床
HORIZONTAL BAND SAW MACHINE

设计过程草案

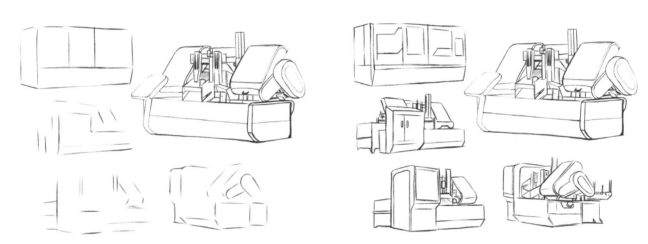

可选择的工业设计元素：带锯床下立面、主辅轮毂盖、控制台、电动机箱盖、增加防护栏、警示标示、产品场地应用相关标示、主色调、识别性较强的外观装饰带设计方案。

设想设计最终呈现方式：外露式、半包式、全封闭式（类似机床）。

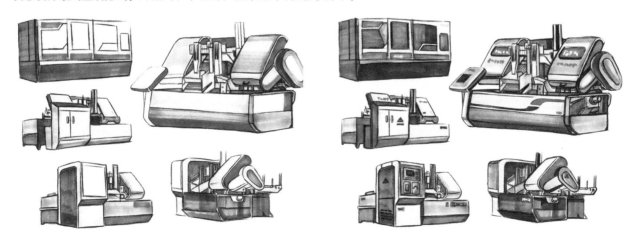

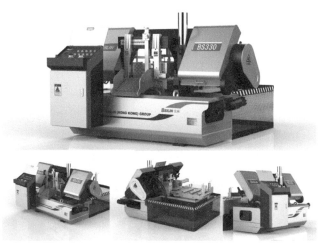

本案例的项目设计最终得到落实，成为该行业的一个标杆，创新点在于功能上的创新及外观上的创新，以完整全面的设计视角考虑用户的人机界面、警告警示标志，正面整洁大方的弧面与色带呼应，色彩简洁大气。

8.2.7 信号基站产品开发快题设计

信号基站主要是根据城市在各个区域布置的WiFi，通过热点布置游客可以享受不间断无线信号下的手机智能互联，信号基站主要布置在马路两侧，由主机与信号杆组成，如今的工业设计水平还停留在原型机状态，但作为将来智慧城市非常重要的信号热点源，该产品的工业设计需要做较大的提升，从某种程度上来说，信号基站基本取代原有的各类电话亭，用流量取代了充值卡，也是当下互联网、智能交通、智慧城市非常重要的环节。

现有的解决方案从工业设计角度上来说，只解决了功能性的问题，基本上处于工程型项目，还远无法达到标准化、模块化的设计要求，即使有，产品的外观整体性也很弱。

在创新设计方面可添加的功能模块有：LED信号灯、广告灯箱、太阳能自助模块、路标导向模块、与现有公交车站结合。可呈现模式：分离模式（柜体与信号杆分离设计及安装）、整体化设计（柜体与信号杆一体化装备及安装方式）。

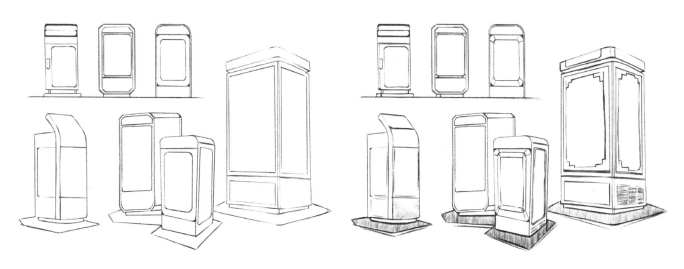

　　此案例主要通过功能选配组合的方式绘制设计方案，基本思路是机柜+广告屏+LED照明，还有就是基于不同场合的，如结合导航导视、广告电子屏（用于显示时间、温度、PM2.5）等。目的主要是结合多样化的20多米高的信号杆进行选配形式，因此需要提供各式各样功能形式的基站。

　　机柜类产品主要是通过钣金形式制作而成，设计方案必须基于其成型原理，不然设计方案视觉效果很好，却无法实现，最后做了无用功。

　　此类产品基本上一般是银色、灰色等无彩色，而其他的则是点缀色，与设计的诉求主题吻合。

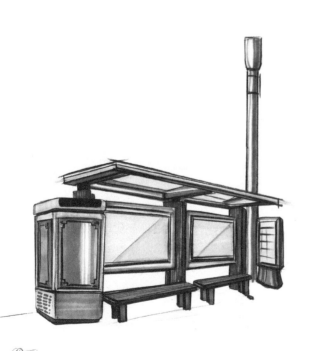

项目小记　此案例的快题设计，通过手绘绘制交流的方式加快了设计方案的实现与落实，最终项目通过多种场景设定、多种信号基站与信号杆的选配形式实现了可选的多样化解决方案，案例的创新点就是基于原有的产品植入更多的商业化手段，这对于城市文化的提升起到了点睛的作用。

后
记
......

在写完这本手绘书后，自己也有很多感想。作为随着中国工业设计大发展起来的关键一代，我完整地见证了互联网时代的大发展。短短十几年间，社会看似快进了百年，原有的大哥大已成云烟，新一代的智能穿戴设备方兴未艾。工业设计的内核也经历了"造型时代、可用性时代、商业设计时代、用户体验时代、电子商务时代、物联网时代"的社会变迁。社会的外围发生了巨大的改变，似乎每一项产业的递进、技术的革新都将颠覆传统的社会观念、设计观念。日益变化的社会环境告诉新一代的设计师，需要在新时代下的设计理念与设计界域，用新的高度去理解、认识和解决问题。

在渐进速度无限加快的时代，作为80后的设计师、大学设计系教师及淘博设计公司负责人，自己有理由、有义务和责任将自己对设计的理解通过图文的方式进行讲解、诠释。作为理工科背景下成长起来的工业设计师，虽然设计实战经验丰富，但在绘画能力上偏弱，希望大家能谅解。文中出现的很多案例是自己及团队经历的一些设计项目，限于篇幅及讲解能力，只能粗略带过，通过介绍梗概、要点的方式讲述，希望读者有个大致的概念理解。考研是最近几年非常热的话题，因此添加了考研的内容，并提供了一些可供参考的范本，希望对读者有所帮助。文中没有对具体学校的考研内容做出解读，如果学生后期需要参加考研，除了加强手绘训练外，最好是能拿到相关学校的试题，并能参加相关的设计培训，这样更有助于有针对性地去学习。

在本书的编写绘制过程中，我参考了现有的可以买到、借到的工业设计手绘的书，大量阅读了书里的绘制方法及流程，生怕第一次写书有太大的纰漏，自己也针对现有很多国内书籍中"炒冷饭"、缺少"硬货"的情况做出了自己的立场选择，主要还是通过自己的体验及团队的设计手稿效果图，以各种差异化的绘制方式进行表达，尽量以此形成本书的特点。

个人觉得无论是阅读、绘画还是设计，设计师都必须树立起自己的观点，选择不同的视角来解读，千万不要人云亦云地跟风。无论这个社会如何变迁，工业设计肯定是社会变革、产业进步环节中不可或缺的。我们需要热爱工业设计，热爱创新创造，坚信工业设计会改变我们的命运、会改变企业的命运、会改变国家的命运。

随着中国人口红利的逐步消失及当下对产业转型升级的项目要求的变化发展，工业设计在中国已经从原有的美工环节逐步脱离出来，成为企业民众日益关注的话题，设计专业也开始成为各个学校的热门专业及热门辅修专业，这些都是非常好的现象。

但实际工作过程中，工业设计是一个集中整合度要求比较高的跨学科专业。这使得很多同学可以将自己的知识进行各种有效组合，与其他设计开发团队形成当下火热的"创客""极客"团队。从某种意义上来说，工业设计非常适合当下大学生轻资本创业。

我们热爱设计，也必须热爱手绘，将手绘表达与设计创新并重，并逐步形成自己的设计特点、特色，千万不要轻易地以一时设计的成败而失去对设计的热情。设计是不平凡的长期旅程，设计事业更是需要不断艰难攀登的过程。

回顾本书整个绘制编撰过程，十分感谢自己的伙伴们，设计师陈清军、陈辉、梁伟、闫梦、徐乐、李文凯、绘友手绘团队等，也十分感谢江南大学设计艺术学院的学生俞灵洁、金程颜，还有浙江工业大学设计艺术学院吴佳波同学的鼎力支持。感谢湖南大学设计艺术学院的各位老师及浙江工业大学工业设计系的各位老师，感谢浙江科技学院的同事和领导。感谢我的家人妻儿，正因为身边的美好，可以让自己更加执著于设计，并有机会将自己这几年的心得历程如数通过撰写图书的方式表达。

最后希望大家能喜欢本书的撰写及设计设想方式。